康复景观设计

王晓博 著

中国建筑工业出版社

图书在版编目（CIP）数据

康复景观设计/王晓博著. —北京：中国建筑工业出版社，2018.10

ISBN 978-7-112-22654-2

Ⅰ.①康… Ⅱ.①王… Ⅲ.①康复机构 — 景观设计

Ⅳ.① TU246.2

中国版本图书馆CIP数据核字（2018）第205417号

　　项目名称：本科生培养—人才培养模式创新试验项目—建筑学卓越人才培养（市级）（项目代码：PXM2014—014212—000015）

责任编辑：刘　静
责任校对：王　瑞

康复景观设计

王晓博　著

*

中国建筑工业出版社出版、发行（北京海淀三里河路9号）

各地新华书店、建筑书店经销

北京点击世代文化传媒有限公司制版

北京中科印刷有限公司印刷

*

开本：787×1092毫米　1/16　印张：11　字数：223千字

2018年7月第一版　2018年7月第一次印刷

定价：58.00元

ISBN 978-7-112-22654-2

　　（32761）

目　录

1 康复景观解析 ……………………………………………………… 001

　　1.1 康复景观的含义 …………………………………………… 001

　　1.2 康复景观的分类 …………………………………………… 014

　　1.3 康复景观的发展趋势 ……………………………………… 021

2 医学与环境心理学对康复景观设计理念的影响 …………………… 024

　　2.1 医学观念的发展对康复景观的影响 ……………………… 024

　　2.2 环境心理学的研究推动康复景观的产生与发展 ………… 028

3 康复景观设计的环境品质要求 ………………………………………… 034

　　3.1 康复景观的品质目标 ……………………………………… 034

　　3.2 人体患病的机理对康复景观功能及氛围的引导 ………… 036

　　3.3 压力缓解理论对自然价值的强调 ………………………… 039

　　3.4 注意力恢复理论对景观康复性功能实现途径的启示 …… 040

　　3.5 应激理论对康复景观的补偿性要求 ……………………… 043

　　3.6 先天本能与后天习得在康复景观中的综合应用 ………… 045

4 康复景观中的要素、规律与时空性 ………………………………… 049

　　4.1 符合康复景观品质要求的形态要素 ……………………… 049

　　4.2 符合康复景观品质要求的感官要素 ……………………… 055

　　4.3 符合康复景观品质要求的物质要素 ……………………… 058

　　4.4 符合康复景观品质要求的组织规律 ……………………… 073

　　4.5 符合康复景观品质要求的空间与时间 …………………… 075

5 医院外部环境 ·· 079

　　5.1 中国医院外部环境简介 ··· 079

　　5.2 国外相关理论的适用性研究 ··· 088

6 临终关怀花园 ··· 106

　　6.1 临终关怀花园简介 ·· 106

　　6.2 中国临终关怀花园设计要点 ··· 123

　　6.3 临终关怀花园案例的研究 ·· 129

7 疗养景观 ·· 144

　　7.1 疗养景观的特点 ·· 144

　　7.2 景观疗养因子与康复 ··· 145

　　7.3 不同类型的疗养景观 ··· 146

　　7.4 疗养院的康复景观 ·· 150

　　7.5 作为特殊疗养地的长寿村 ·· 163

参考文献 ··· 166

图片来源 ··· 172

1 康复景观解析

1.1 康复景观的含义

康复景观（Healing Landscape）自 20 世纪 90 年代兴起于美国后，在世界各地得到广泛发展。近年来，我国学者对其关注程度也持续升温，从专著的翻译、专业杂志的连载，到硕士、博士研究生论文的撰写，对这一课题都有涉及。康复景观的解析，对其概念的内涵、外延、特点及不同概念相互之间关系的探讨，有助于深入理解康复景观，指导康复景观的设计。

1.1.1 康复景观的概念

1. 康复景观的界定与存在形式

随着自然对人类健康的益处被科学所证实，在风景园林行业兴起了康复景观的研究，"康复这个词意味着具有恢复和保持健康的能力，与景观或花园这些词结合起来就得出'能恢复或保持健康的环境'的概念[1]"。

本书对康复景观的定义采用埃里森·威廉姆斯（Allison Williams）在《康复景观：场所与福祉之间的动态》（Therapeutic Landscape：The Dynamic Between Place and Wellness）中提出的概念，即康复景观是与治疗或康复相关的景观类型，指那些与治疗或康复相关的物质的、心理的和社会的环境所包含的场所，它们以能达到身体、精神与心灵的康复而闻名[2]。

由此可以看出，康复景观的概念包含了对景观性质和功能定位的内容。罗杰·沃尔里奇（Roger Ulrich）曾经指出，康复景观包含各种花园特质，它应当包含相当数量的真实自然的内容，如绿色植物、花卉和水；它可能是室外的，也可能是室内的，它们在尺度上有着巨大的跨度，从几平方米的中庭到几个城市公园大小的室外空间。从功能上看，它们有着促进压力缓解，对病人、探访者和医护人员有积极影响的共性。因此，判断一个康复景观成败的关键，在于其是否具有康复性或者对大多数使用者产

---

[1] [美] 帕特里克·佛朗西斯·穆尼 . 康复景观的世界发展 [J]. 中国园林，2009，25（08）: 24-25.

[2] Allison Williams. Therapeutic Landscape：The Dynamic Between Place and Wellness[M]. Lanham.New York.Oxford：Unversity Press of America，Inc，1999: 2.

生了健康有益的影响。这决定了康复景观的设计者，应该创造以使用者为中心的支持性环境，而使自己的喜好处于从属地位 [1]。

康复景观作为促进康复的景观类型，对健康的关注超越其他方面功能的考虑，这也使得康复景观相对于其他类型景观具有特殊性。一般的景观可能具备生态、健康、审美、公共活动等多种功能，而康复景观始终坚持健康优先的原则，当其他功能与其存在冲突时，以促进健康为首选。这样的案例有很多，如传染病医院的康复景观优先考虑的是隔离宽度，而非视觉美观；烧伤及其他一些皮肤疾病的患者要避免紫外线的照射，而不是享受阳光；患有狂躁症的人更需要自然的景观（植物、水等），而非前卫的艺术；园艺疗法的花园可以没有漂亮的平面规划图，但绝不能缺少储存工具及展开园艺工作的场地；供人独处的冥想空间，需要相对狭小私密的场所，而非充满社会性活动的热闹场地。

与其功能相契合，康复景观区别于非康复景观的主要内容之一，就是其服务人群具备特殊性。患有身体及心理障碍的人群毕竟不同于正常的使用者，对这些特殊人群的行为需要的满足是康复景观的建设目标，而其他类型的景观更多地考虑正常人的使用。在这里有一个使用主体主次的差别，当两者存在矛盾时，康复景观优先满足身心具有障碍的人的需要，而其他类型的景观则要考虑数量占多数的正常人的需要。这些矛盾，可能来自投资方面：其他类型的景观可能不会投入额外的资金去做抬高的种植池、沙坑，而这对于康复景观也许是必需的；矛盾也可能来自不同的空间氛围的营造：其他类型的景观中的大型聚会等活动，也许并不适合应用在某些康复景观中。

另外，康复景观也可以服务于健康人群的特殊阶段，如失去亲人、服刑或者遭遇大的自然或人为灾难而幸存下来的时候。虽然服务主体的身体可能处于健康状态，但是其情感需要经历一个独特的时间段，他们需要特殊的关怀与疗愈。这类康复景观与其他类型的景观的差异在于其鲜明的主体性，如台湾的悲伤疗愈花园、监狱的康复景观、纪念花园等。

从另一个角度看，康复景观的使用人群具有短暂性。康复景观不同于附属于居住社区或工作单位的一般景观，很多时候，当人们的身心存在障碍了才会去康复景观中，如医院的外部环境以一种临时性的应用为主，其中病人只有在就医或者住院时才会去使用。

因此，康复景观因其服务主体的特殊性，与一般景观之间的关系，就像儿童公园与一般公园的关系一样。病人、残障人士及处于亚健康的人与普通人生活在一起，而

---

[1] Clare Cooper Marcus，Marni Barnes. Healing Gardens：Therapeutic Benefits and Design Recommendations[M]. New York：John Wiley & Sons，INC，1999：27-86.

这一群体又具备自身的固有特征，因而其所对应的景观具备一定的独特性。其存在的地点，也因其受众的普遍性而存在于各个层次中。供儿童使用的园林可以是幼儿园的附属绿地，也可以作为主题公园单独存在，还可以在社区公园中以儿童活动区的方式出现。康复景观也有类似的特点，它可以是医疗机构的附属绿地，可以是园艺疗法花园、芳香疗法花园等康复景观主题公园，也可以是其他绿地中的一个功能分区，甚至风景区中的某些景观类型。由此，笔者对康复景观可能的存在形式归纳为医疗机构的附属绿地、主题公园、其他绿地中的功能区、风景区中的景观类型四个种类（表1-1）。

康复景观可能的存在形式 　　　　　　　　　　　　　　　表 1-1

医疗机构附属绿地	主题公园	其他绿地中的功能区	风景区中的景观类型
医院外部环境	园艺疗法花园	植物园中的园中园	自然疗养地
临终关怀花园	芳香疗法花园	学校附属绿地中的部分区域	森林疗养地 名胜古迹
疗养院中的康复景观	冥想花园 感官花园 纪念花园 复健花园	公园中的功能区 居住区绿地中的功能区	古村落

2. 与康复景观相关的名词

这一研究领域的名词称谓很多，根据对国内外研究的总结，康复景观相关的中英文名词对应如下：

Healing Landscape：康复景观、康复花园、康复疗养空间

Therapeutic Landscape：康复景观、治疗景观

Restorative Landscape：有助于复原的景观

Restorative Environment：恢复性环境

Healing Spaces：康复空间

Wellness：福祉

Healing Gardens：医疗花园、益康花园、医疗园林

Restorative Gardens：疗养花园、疗愈花园

Meditative Gardens/Contemplative Gardens：冥想花园、静思园

Enabling Gardens：体验花园

Rehabilitative Gardens：复健花园、康复花园

Horticultural Therapy Gardens：园艺疗法花园

Sensory Park：感官公园

Memorial Gardens：纪念花园

以上概念中，目前在美国应用比较广泛的英文名词有 Healing Landscape、Therapeutic Landscape 及 Healing Garden。前两个名词有时是通用的，经常互为解释，细分起来，在《牛津高阶英汉双解词典》中，Heal 的解释是 "the process of becoming or making sb/sth healthy again; the process of getting better after an emotional shock" 康复；治疗；（情感创伤的）愈合。Therapeutic 的意思是 "designed to help treat an illness"，治疗的；医疗的；治病的。"helping you to relax" 有助于放松精神的。治疗性及其与疾病相关，是这两个名词的关键。其中康复（Healing）相对于治疗（Therapeutic）要更加正面与积极一些，所以更受欢迎。至于景观（Landscape）与花园（Garden），中国学术界有过很多的讨论，关于其先进性与涵盖问题，这里不做分析，而景观（Landscape）有地理学的含义是被学者所公认的。格斯勒尔（Gesler）在 1992 年解释康复景观（Therapeutic Landscape）的定义时，指出景观（Landscape）不仅是物理环境和人类活动的相互作用，而且包含自然、风景、环境、场所以及地理本身的含义 [1]。康复景观中，包含森林景观、山地景观等，这些是花园（Garden）所涵盖不了的。同时按照密歇根州立大学的教授乔安妮（Joanne Westphal）的理论，医疗花园（Healing Gardens）属于康复景观的五种类型之一。因此选择康复景观（Healing Landscape）这一名词作为目前所做研究的对应客体是较为全面的。

其他名词"恢复性景观"（Restorative Landscape）多见于医学领域；"恢复性环境"（Restorative Environment）是环境心理学提出的名词；"康复空间"（Healing Spaces）与福祉（Wellness），这两个名词的客体不明，没有明确指出研究的对象；而疗养花园（Restorative Gardens）、冥想花园（Meditative Gardens）、体验花园（Enabling Gardens）和复健花园（Rehabilitative Gardens）是除医疗花园（Healing Gardens）外，乔安妮教授所归纳的另外四类康复景观 [2]；园艺疗法花园（Horticultural Therapy Gardens）、感官公园（Sensory Park）与纪念花园（Memorial garden），是康复景观中的不同类型。

1.1.2　康复景观的特点

1. 对自然的辩证认识

自然对于健康有着积极的作用，有学者提出"如果绿色在人视野中占 25% 则能消除眼睛与心理疲劳，对人的精神和心理最适宜" [3]。康复景观的整体面貌以自然为主，

[1]　Gesler W M. Therapeutic landscape: theory and a case study of Epidauros, Greece[J]. Environment and planning, 1993, 11: 171-189.

[2]　Jerry Smith. Health And Nature: The Influence Of Nature On Design Of The Environment Of Care [EB/OL]. [2007] http://www.healthdesign.org/chd/research/health-and-nature-influence-nature-design-environment-care?page=show.

[3]　张文英，巫盈盈，肖大威. 设计结合医疗——医疗花园和康复景观 [J]. 中国园林，2009，25（08）: 07-11.

它不同于城市广场，植物、水体等自然要素在康复景观中有着重要意义。但并非所有的自然都具备康复性，并且随着时间的推移，人们对于自然的认识是动态变化的。

（1）有助于健康的自然

许久以来，人们一直了解自然的重要性。自古希腊、古罗马时代，很多水体就以具有治疗的力量而闻名。水是净化、赦免与治愈的符号或标志；治疗性温泉/矿泉，在世界范围内占有重要地位。环境心理学家和行为地理学家的工作显示，人为的或建造的自然环境，同样在治疗中起重要作用。

因此，自然对疾病的恢复、对健康的促进有着积极的影响，参观景色优美的风景区，甚至仅是看自然风景的照片，都具备一定的康复作用。威尔逊（Wilson）等在《十四种类型的亲生物设计》一书中指出，人们需要或者想要接触自然，我们通过了解其他生命，以尊重它们，进而接纳自己[1]。

在物理方面，那些能够滞尘杀菌、减少细菌病毒的植物，以及能够增加空气中负氧离子含量的植物和水，可以促进疾病恢复，有利于身体健康，是适合康复景观的自然要素。但并非所有的植物和水都是对人身体有益的，有些植物的分泌物能够使人晕厥、恶心、呕吐、致哑，甚至引发癌症；有些被污染的水体，可能散发臭味，招来蚊虫，这会引发不良的情绪反应，为疾病的传播提供温床，这些在康复景观中是要避免的。

在美学方面，人类具有视听等功能特定的适应性与生物节奏的规律性，正是这种在生理上的共同之处，才能产生人类相通的感觉、基本爱好、本能的适应，以及在此基础上产生的要求。本能意欲的驱动，对生理特性的适应、合拍，能够产生特定的感受[2]。自然界中的某些元素，符合生命规律的内在结构，能够起到帮助治愈的效果。

从环境心理学看，人类的大脑是在长期的进化过程中，自然选择的产物。以演化为基础的理论认为，健康的恢复受大脑边缘系统的情绪中心的影响，环境导致了这种影响的产生。这里所指的环境首先是类似自然和原始自然。那些能保证人的基本需求的环境，如能够提供安全感或是能提供食物的自然最受欢迎。

沃尔里奇的实验证明：开放的、光明的、类似疏林草原的环境能使人们最快地从紧张的状态中恢复过来；而黑暗、悬崖、蛇、血等使人们本能地紧张。他认为花园应该包含显著的自然因素，如绿色植物、花卉、水等。沃尔里奇指出，当自然环境中包含危险的成分时，注意力可能会和压力结合；但是面对平静的自然环境可能产生镇静、恢复生理机能的效果[3]。

[1] Annalisa Gartman Vapaa. Healing Gardens: Creating Places for Restoration, Meditation, and Sanctuary [D]. Blacksburg: Virginia Polytechnic Institute and State University, 2002: 1-3.
[2] 王令中. 视觉艺术心理 [M]. 北京：人民美术出版社，2007：16-20.
[3] 保罗·贝尔，等. 环境心理学 [M]. 朱建军，吴建平，等译. 北京：中国人民大学出版社，2009：44.

环境心理学者卡普兰（Kaplan）指出，一个使人偏好的环境较有可能成为恢复性环境。卡普兰和威尔逊都肯定了荒野（wilderness）的作用，卡普兰提出暴露于荒地或者人类未改变的土地，能够创造较高的康复体验。心理学对于荒野的定义包括三方面：①自然占统治地位；②相对缺少人文资源；③相对缺少对人行为的需求[1]。对于心理障碍者，暴露于荒野可能产生有益的效果，人们常常能在荒野中体会到安宁、满足与自我接纳。卡普兰同时指出，荒野可以被花园所替代与复制。花园相对于荒野来说可以存在于城市区域、室内、屋顶及其他人们更容易接近的地方，康复功用可以通过置身景观之中或从室内远远观望花园得到发挥。公园只要具备了远离、延展、魅力与兼容性，便可发挥与荒野同样的作用。

（2）自然含义的变化

对于有助于健康的自然的理解是一个动态变化的过程。现在人们常常用"激动人心的""令人放松的"和"舒服的"等词汇来形容阿尔卑斯山脉，而在中世纪，人们却把它描述为"可怕的"、"危险的"地方。在历史上，由于人类能力的有限，自然充满不可预知的危机，会使人产生诸如恐惧、厌恶、憎恨等负面情绪。同时，文化的差异，也使人们对自然有着不同的认识。信仰基督教的人们也许会认为人类的天堂是伊甸园，而荒野则是被放逐的地方。这与卡普兰所认为的荒野有助于人类健康的认识大相径庭（图1-1）。19世纪末20世纪初，浪漫主义的发展使人们改变了对荒野的认识，将其视为令人愉悦的地方，尤其新一代的美国人把荒野看作美丽的地方。

图1-1 "第一自然"：荒野

[1] Charles King Sadler. Design Guidelines for Effective Hospice Gardens Using Japanese Garden Principles[D]. New York：the State University of New York，2007：3.

这种动态变化与心理学中的距离感有着密切的关系，"距离产生美"这句谚语道出了一个心理学的定律。距离包括时间上与空间上的。随着人类文明的发展，人们越来越脱离自然，自然、荒野成为过去历史上与人类相伴的事物，这使得自然具有时间上的距离感；随着人类城市化的加剧，人们住进钢筋混凝土的建筑中，绿色、自然成为风景区、乡村独有之物，从而使自然具备了空间上的距离感。距离感产生美感，美感引发愉悦的情绪。由此推断，自然助益假说符合人们在现代的心理诉求，而非历史上的所有时期都有此说法，具有一定的时代性。

在西方的观念中，荒野被称为"第一自然"，田园风光是"第二自然"（图1-2），园林是"第三自然"[1]。"第一自然"作为最久远的自然，被认定为有助于康复的环境；园艺疗法学派以田间劳作为蓝本，可以认为是康复景观；许多心理学家认为"第一自然"、"第二自然"能够被"第三自然"即园林所替代与复制，并针对公园绿地展开了一系列实验研究加以证实。

图1-2 "第二自然"：田园风光

而随着认识的发展，20世纪以来又提出了曾经被损坏、但损毁因素消失后正在恢复的自然——"第四自然"，典型的如后工业景观、棕地等。由上述的分析来推论，随着时间的推移、工业时代的远去，经过恢复的"第四自然"也将会具备远离、延展等特性，从而具有成为康复景观的潜质（图1-3）。

2. 可感知性与可操作性

（1）可感知性的强调

由于康复景观的使用者中有相当一部分存在感官障碍，所以景观对于感官的刺激作用被特殊强调。独特的色彩、符合生命节律的声音、芳香的味道、丰富的质感都被充分地重视起来。刺激感官是某些康复景观设计的主题与目标，针对五感的感官花园被广泛应用。

---

[1] 王向荣，林箐.自然的含义[J].中国园林，2007，23（01）：6-15.

图 1-3 "第四自然": 后工业景观

人类 80% 的信息来源于视觉,病人仅仅观看窗外的自然景色就能促进恢复。物质环境的形式与色彩形成主要的视觉感受。环境中不同的形式与色彩能够诱发人们不同的情绪反应。如秩序化有利于控制感的形成,不同的色调能够创造积极热烈、促进食欲、使人平静等氛围的环境。能够引发积极情绪反应的景观因素,在康复景观中应当被充分地重视。在康复景观的使用者中,有些人非盲但有视觉障碍,如视力模糊、高度近视或远视等。对于这些人,景观的视觉元素要有针对性地进行夸张化处理,以刺激视觉神经,提高其敏感度。

对于视力完全丧失的人来说,除视觉外 20% 的信息是他们所能得到的全部信息,所以听觉、嗅觉、触觉、味觉在康复景观中也非常重要。声景中包含水声、鸟鸣声、风声等,将其控制在合适的音量范围内能够起到愉悦身心的效果。植物发出的芳香有利于身体健康,以至于有专门的芳香疗法。触觉包括物体的质感、温感、湿度等。植物可以提供不同味觉的食物,在康复景观中,有些可以直接生产果实、草本茶等,更多的是借助联觉或通感,使人通过视觉、嗅觉的刺激产生味觉的感受,这类似于望梅止渴的效果。

(2)可操作性的实现

康复景观特别注重可操作性或可参与性的塑造。景观的可参与性对于健康的恢复有着积极的意义,一方面能够使人们从病痛等自身的不良状态中抽离出来,分散对于身心不适的注意力;另一方面,可操作性使得人们在景观中可以进行一定的劳作,有助于某些器官的活动,起到作业疗法的效果;另外,景观的可操作性调动了使用者的主动性,可能会引发控制感等积极情绪。如目前很多国家都已开展的园艺疗法,及美国、英国、澳大利亚等国出现的食物花园,不仅有着贴近自然的整体环境,而且实现了可操作性,人们参与景观的管理,并且享受劳动过程所带来的控制感、责任感与成就感。

3.影响因素的综合性

在康复过程中，环境因素与个人、社会因素共同起作用，康复景观不仅受物质的人造环境的影响，同时也受人身心情况的影响，同时反映出受社会影响的人们的意图、行为、约束与结构。由于物质、社会与个人因素是不断变化的，所以康复景观的形成是一个动态的、相对进化的过程，由物质、个人与社会因素之间的共同作用与妥协来塑造。

4.使用者的复杂性

康复景观针对的是特殊人群或者处于特殊时期的普通人，这种特殊性主要体现在身体与心理两方面。这些人群在各个年龄梯度都有分布，每个年龄段都有其自身的特点。

（1）从健康状况看

康复景观的使用主体是存在健康问题的人，但实际的使用者却能涵盖病人、亚健康及健康人员这三个梯度所有健康状况的人群。

康复景观的主要服务对象是存在身心疾病的患者及残障人士。包括身体上存在障碍的人，如伤残人士、癌症患者、视觉障碍人士、手术后处于恢复期的病人等；也包括心理上存在障碍的人，如精神病患者、抑郁症患者、智力低下者等。

康复景观也为占人口比例75%的亚健康人群服务。城市化及紧张、压力所造成的大量亚健康人群，虽然没有疾病，但存在健康隐患，属于非健康状态。他们往往存在压力过大、注意力涣散等问题，研究显示，这类问题可以通过自然环境得到较好的缓解与恢复。

同时，康复景观的使用者也可以是健康人员。这些健康人员包括两类，一类是医疗机构中出现的医护人员及探访者，医护人员需求的满足、好心情的培养，有利于其工作效率的提高，能够促进病人健康的恢复[1]；探访者压力的减小及积极情绪的形成，能够维持其自身健康，并且帮助病人尽快走出健康问题。另一类是处于特殊时期的健康人士，他们可能刚刚遭遇了自然灾害，或者失去了亲人等，这些突发事件成为应激源，对其健康形成潜在的威胁。针对这类健康人士的康复景观以纪念花园、临终关怀花园等形式出现，如美国纽约阿瓦隆公园和保护区，我国台湾地区的悲伤疗愈花园就属于这类康复景观。

当然，目前有一种为所有人而设计的理念，身心完全健康的人员也可以使用康复景观，以维持健康，保持好的心情；然而，从设计的角度考虑，他们并非康复景观的主体使用者，当其需求与主体使用者发生矛盾时，应以满足主体使用者为先。

---

[1] Charles King Sadler. Design Guidelines for Effective Hospice Gardens Using Japanese Garden Principles[D]. New York：the State University of New York，2007：2.

（2）从年龄层次看

以年龄层次来看，康复景观的使用者从婴幼儿到老年人都有，因为各个年龄阶段的人都可能存在健康问题，而各个年龄阶段有着不同的特点。

除各种常规疾病外，婴幼儿及儿童之中存在先天性生理、心理障碍的人群，如智力残疾、听力残疾、脑瘫、自闭症患者、视觉障碍者等，这些病症在婴幼儿阶段介入治疗能够起到最好的康复效果。如视觉障碍的治疗最好在 2 岁之前进行，在视功能尚未发育成熟之时尽早矫正的效果最佳。同时儿童处在智力发育和认知学习的初始阶段，环境的积极作用能够促进其良性发展。针对婴幼儿及儿童的康复景观应该首先强调"探索性、亲和性、融于自然、创造更多锻炼和运动的机会"等 [1]。

中青年是存在亚健康问题最大的人群，由中国医院协会等机构发布的《中国城市白领健康白皮书》显示，有76%的白领处于亚健康状态，对于这类人群而言缓解压力是最主要的需求。他们的压力来自于工作、婚姻、家庭、社会等各个方面。在较大的心理压力的影响下，经常出现各种心理和身体疾病，如狂躁症、神经官能症等。这一阶段的人更容易产生冷漠、空虚、失望、孤独、无助、轻率等情绪问题，相对于婴幼儿和老年人，其自杀率更高。针对这一人群的康复景观尤其应该拥有"融于自然、安静、舒适、亲和性、积极向上的艺术性"等环境质量 [1]。冥想花园、静思园这类康复景观能够很好地帮助存在亚健康问题的中青年尽快康复。

由于老年人时间的充裕性及身体的特殊性，他们是康复景观的主要使用人群之一。对于老年人而言，由于人体组织结构的老化，各器官功能出现障碍，身体抵抗力减弱，活动能力降低，协同功能丧失，其患病的概率要大大高于年轻人，多伴有各种慢性疾病，如高血压、老年人抑郁症、阿尔茨海默综合征等。老年人最适合有氧运动的锻炼方式，例如散步、慢跑、跳舞、游泳、骑自行车等，这些运动都可以在室外景观环境中发生。运动时间以每周三次到五次为宜，每次或累加的锻炼时间在 30 分钟以上，并尽量选择在下午和晚上进行，独特的使用时间段为针对老年人的康复景观提出特殊的要求。同时社会交往对于老年人心理的健康极为重要。针对老年人的康复景观应该提供多种选择的空间类型、促进聚会交流的场所和设施、具有明确的可知性、可接近性、目标点，以及创造更多锻炼和运动的机会。具体而言，"花园要建立一种安静平和的环境，步行道要连续、循环、没有高差、没有断路、避免让患者产生挫败感，当然也要适当利用植物和其他元素来激发使用者与花园中的元素进行交流、活动"。[2]

值得指出的是，已有的研究成果证明，早期的记忆对于阿尔茨海默综合征患者的

[1] 克莱尔·库珀·马科斯. 康复花园 [J]. 中国园林，2009, 25（07）: 01-05.

[2] 苏晓静，王岩. 关于医疗花园与园艺医疗 [J]. 景观设计，2006, 17（5）: 54-59.

恢复有益，这类康复景观被称作记忆花园。目前以 60 岁以上老人年轻时的记忆推算，大概是新中国建立初期，那个阶段有着独特的文化氛围与审美情趣，对时代特色的挖掘，有助于营造当下针对老年人的具有集体记忆特点的康复景观（图 1-4）。

图 1-4　建国初期的集体记忆

　　除去健康状况与年龄层次分析康复景观外，其使用者还能有很多分类方式，如依据社会角色，可以包括教师、学生、官员、白领、囚犯等；根据使用者的不同病症，可以包括高血压、糖尿病、癌症等；根据使用者的居住地点，可以分为城市居民、农村居民等；根据使用者的生活习惯，可以分为长期运动者、不常运动者、从不运动者等。

　　由上可见，康复景观的使用者结构复杂，涵盖各种健康状况、各个年龄层次、各种社会角色等。这意味着当进行实际的康复景观规划设计时，在具备自身普遍准则的基础上，项目应该具有充分的针对性，以满足不同人群的不同需求。

1.1.3　康复景观与恢复性环境之间的差异

　　恢复性环境是环境心理学名词，它最早由卡普兰于 1983 年提出，指使人能更好地从伴随心理疲劳及压力等出现的消极情绪里恢复过来的环境，与这种环境接触能够产生所谓的"恢复反应"。该理论认为自然对于多数人而言是恢复性环境，同时博物馆对于参观的游客、宗教圣地对于信徒等都属于恢复性环境。另外，有研究者认为个体喜欢的环境也属于恢复性环境[1]。

---

[1]　苏谦，辛自强. 恢复性环境研究：理论，方法与进展 [J]. 心理科学进展，2010，18（01）：177-184.

由此可见，恢复性环境涵盖范围较景观要广泛一些，森林、公园、荒野、博物馆、教堂、寺庙等都可能是恢复性环境。恢复性环境主要是针对人的心理提出的。

康复景观将研究的范围限定在景观的范畴，相对于恢复性环境而言，仅包含其中的与自然环境紧密相关的公共设施附属绿地、公园、风景区等。此外，康复景观除关注自然环境对于心理的影响以外，还注重自然元素对人生理的影响。如植物的滞尘与分泌杀菌素的功能可以减少细菌病毒的数量，植物与水能够产生负氧离子，促进人身体健康等。

1.1.4 康复景观与园艺疗法、景观疗法之间混淆的厘清

康复景观属于景观的一种类型，园艺疗法与景观疗法是人类接触自然而得到疗效的手段。故康复景观是园艺疗法和景观疗法发生的物理场所、操作与体验对象；园艺疗法与景观疗法是途径、方法，是康复景观发挥作用的两种方式。这是两个范畴的概念。

1. 园艺疗法

根据台湾学者郭毓仁的定义，"园艺疗法（horticulture therapy）是指利用植物及园艺让来参与的顾客从某种生心理障碍恢复到未发病前，甚至比病前更好的状态的治疗方法[1]"。据美国园艺治疗协会的定义，"园艺治疗是通过园艺活动，如花卉及蔬果种植、干花手工艺、治疗性园林设计等，从而令参加者获得社交、情绪、身体、认知、精神及创意方面的益处[2]"。章俊华先生指出，"园艺疗法是指植物（包括庭园、绿地等）及通过与植物相关的诸活动（园艺、花园等）达到促进体力、身心、精神恢复的疗法[3]"。

园艺在传统意义上多用来生产经济价值高或者较为特殊的植物，用来买卖而获取利益。而园艺疗法强调使用者在栽培过程中所获得的动作与精神上的收益，因而园艺的范围也更加广泛。园艺疗法在医学上可以归为作业疗法，它的作用机制与运动治疗、音乐治疗一样，在生理上有激发肌体恢复的功能，在心理上可以起到转移的作用。早在1876年，美国宾夕法尼亚州费城的朋友医院（Friends Hospital）盖了一座温室，将园艺活动引入治疗的行列（图1-5）。

园艺活动是适用于所有人包括特殊残障个体的活动，如艺术与工艺、团体活动、室内栽植、户外栽植及户外教学等特殊目标疗程[4]。

[1] 郭毓仁. 治疗景观与园艺疗法 [M]. 台北：詹氏书局，2015：2.

[2] http://www.hkhtcentre.com/

[3] 章俊华，刘玮. 园艺疗法 [J]. 中国园林，2009，25（07）：19-23.

[4] 齐岱蔚. 达到身心平衡——康复疗养空间景观设计初探 [D]. 北京：北京林业大学，2007：45.

图 1-5　朋友医院的温室与园艺疗法

　　园艺疗法是一种主动的治疗方式，一种参与性很强的行为过程，这一过程发生在温室、苗圃、菜园或者庭院里，这些场地可以称为园艺疗法花园，它属于康复景观的一种。这种康复景观注重园艺活动得以实现的功能性，要求不受外界干扰的相对独立空间、合适高度的种植台、可以操作的场地、便利的工具储备空间及充足的水源等。

　　园艺疗法除了有园艺治疗花园的物理场地外，还要特别注重园艺行为的管理，有专业的园艺治疗师的指导，是一项有组织的行为活动。要想成为一名园艺治疗师，必须学习一系列园艺相关的课程。园艺治疗师要具备园艺学、治疗学和生命科学以及管理学的知识。美国于 1950 年在密歇根州立大学及 1973 年在堪萨斯州立大学园艺系开设专门的训练课程，与医院合作，进行临床实习，颁发学位后成为园艺治疗师。提供这种课程的除了大学等教育机构，还有其他的团体组织，如上文提到的伊利诺伊州芝加哥植物园等。

　　园艺治疗可以发生在医院、精神病院、长期看护机构（如养老院），还可以存在于学校、监狱、疗养院、教养院、育幼院等。

　　西方园林本身是从实用性的果树园、蔬菜园、葡萄园等发展而来，从其布局形式到花坛、水渠、喷泉等元素，都与农业景观有着很多的渊源。将食用性的花园进行拓展，发展以园艺操作为主的园艺疗法，对于西方国家是水到渠成的事情。这使得园艺疗法既具备了时间的距离感，又有文化的延续性，是非常积极的一种康复性活动。

　　对于我国而言，作为农业大国，目前很多城市居民都处于城市化的过程中，从以前的农民转化而来，耕种劳作为很多人所熟悉并钟爱，是一项有益的社会活动。这使得园艺疗法在我国的发展也具备良好的条件。随着 2008 年发布的一款以种植为主的社交网页游戏"开心农场"的风靡，北京周边曾出现租地种植的热潮，尤其受到有老人和儿童的家庭的喜爱；同时，近年来，随着人们对抗城市化而衍生出的田园情怀，到乡村改造村舍，种菜、建花园的人越来越多。

2. 景观疗法

景观疗法（Landscape Therapy），也称作环境治疗（Environmental Therapy），"景观治疗是借由景观元素所组成的环境来作为刺激感官的工具，也可以说是以外在的环境来当作治疗的工具 [1]"。一个柔和、舒适、干净、明亮的外在空间，对人的身心将产生有利的影响；反之，一个使人感到焦虑、不舒适的环境，将对身心产生危害。景观疗法所发生的物理环境是一个能刺激使用者五感，包括视觉、听觉、嗅觉、味觉、触觉的景观或庭园，通过对该物理环境的改善，起到调节人身心平衡的目的，景观治疗以此为观念发展起来。

依靠刺激五感起到辅助治疗作用的康复景观属于感官公园，在感官公园中能刺激五感的元素被强化，以公园主题的方式加以呈现。

随着研究的深入，景观疗法的外延有所拓展，将日光疗法、矿泉疗法、气候疗法、芳香疗法、泥浴疗法等也包含进来。其中气候疗法又包括平原气候、高山气候、森林气候、海洋气候等。在这一层面，景观疗法所发生的物理空间，与地理学中对景观的定义相一致，如森林气候疗法发生在森林景观之中，矿泉疗法发生在矿泉疗养景观之中等。

1.2 康复景观的分类

康复景观根据不同的分类标准，有着不同的类型。在本书中，将康复景观依据存在的场所、针对的人群、景观的性质及参与方式等对其进行分类简介。

1.2.1 依据康复景观存在的场所进行分类

1. 医院外部环境

医院的外部环境是康复景观最本体的研究对象，也是康复景观中数量庞大，与人们生活关系密切的一类，主要指医院的附属绿地，多位于人口密集的城市地段。

在对康复景观进行历史研究的文献中，往往将具有医院功能的修道院花园作为起源。大量的康复景观理论研究及案例介绍，也集中于医院的外部环境。这是目前康复景观中积累成果最为丰富，同时几乎每一个城市居民都可能使用到的康复景观。

这里存在一个问题，即是不是所有的医院外部环境都能称其为康复景观。事实上，一些医院，尤其是我国一些经济条件有限的医院中，往往绿地环境简单，缺乏专业的

---

[1] 郭毓仁 . 治疗景观与园艺疗法 [M]. 台湾：詹氏书局，2015：3

设计，不具备康复景观的特点。但就医院环境的重要性、其与康复景观的亲缘性而言，这种情况是不合理的，应该加以改造，使其成为名副其实的康复景观。克莱尔·库珀·马科斯（Clare Cooper Marcus）在《医疗花园：治疗效益和设计建议》（Healing gardens：therapeutic benefits and design recommendations）一书中，将康复景观的研究范围限制在医院的外部环境上，她指出有三个方面的特点能够判断一个花园是否具有康复的助益，分别是：①减轻疾病症状；②缓解压力及增加舒适度；③增加整体的幸福感及希望。这些特点能够使康复景观较普通景观具备一定的独特性，同时，也可以作为标准来考证医疗机构的附属绿地是否为合格的康复景观。医院外部环境将在本书第 5 章进行更为详细的阐述。

2. 临终关怀花园

临终关怀是医疗事业发展到一定程度的产物，它从医疗机构中发展起来，目前有的与医院交织在一起，有的成为一种独立的医疗机构而存在。临终关怀花园是为临终关怀服务的康复景观。依据临终关怀类型的不同，临终关怀花园包括依附于临终关怀院的花园，及以临终关怀为主题，但存在于非临终关怀院内的花园。

死亡对于所有人而言都是不可避免的，围绕这一事件而规划设计的康复景观具备自身的特点、功能及设计要求。临终关怀花园将在本书第 6 章展开进行论述。

3. 疗养院的康复景观

疗养院的康复景观包括疗养院围墙之内的园林环境，也包括那些疗养院范围之内或者周边的可利用的自然疗养景观。这种利用可以是直接使用，如疗养院内的温矿泉资源，也可以是通过视线看到的自然风景。

相对于医院而言，疗养院的选址一般远离城市，有的位于城市郊区，有的位于风景区。疗养院的主要服务对象是疗养员，疗养员有的患有慢性疾病，有的处于大病治疗后的恢复期。疗养员在疗养院以疗养而非治疗为主要医疗手段。这种类型的康复景观在本书第 7 章将进行更多介绍。

4. 公园绿地中的康复景观

公园绿地包括综合公园、社区公园、专类公园、带状公园及街旁绿地。康复景观可以以功能区的形式出现在公园绿地之中，也可以是专类公园。专类公园将在后文进行介绍。以公园绿地形式存在的康复景观，可以方便残障人士就近使用，也可以让不在医疗机构养病的非健康人士日常使用。它是社会进步、文明发展的体现。

5. 居住区绿地中的康复景观

居住区绿地是人们日常生活中最方便到达的室外环境。居住区绿地中应适当考虑设置康复性设施，创造具有康复景观特征的园林景观，以期对人们疾病的康复、健康的维持起到积极的作用。如澳大利亚在社区中开展的食物花园，就属于这类康复景观[1]；同济大学的刘悦来老师提倡建设社区农园，并进行了多处实践。如已建好的"百草园"就是在居住区中建设的可食用花园，不仅创造出一种独特的景观风貌，还开创了居民自主参与建设、维护绿地的独特模式（图1-6）[2]。

图1-6　社区居民参与百草园种植

6. 学校与监狱中的康复景观

作为特殊人群聚集的场所，有些学校和监狱中也建有康复景观，园艺疗法可以在这里开展。园艺疗法对改善人们的心理行为习惯、培养专业技能等方面，都能发挥较大的作用。在台湾一些小学的学校里，经常配备温室，供学生手工劳作，开展园艺活动。

1.2.2　依据康复景观针对的人群进行分类

这里所介绍的针对不同人群的康复景观，从分类的角度来看，并不系统、完整，主要是介绍目前已具备较多研究成果的针对儿童、痴呆症者、精神病患者及视觉障碍者的康复景观。

1. 针对儿童的康复景观

虽然针对儿童的景观研究与针对老年人的一样，都有丰富的成果存在，但针对儿童的康复景观有一定的特殊性，有必要进行单独说明。从狭义的角度看，针对儿童的康复景观可以分为两种，第一种是专门针对病童的康复景观，第二种是在医疗机构附属绿地中划分出的供儿童使用的区域。第一种类型的康复景观要充分考虑患病儿童的心理行为需求，为缓解患儿恐惧、焦虑的情绪而努力。同时考虑照护孩子的家长的压力缓解。第二种类型的康复景观是为前来探访病人的儿童提供的活动场所。儿童的玩耍会为医疗机构的病人带来活力，所以在很多医疗机构中会考虑设置儿童活动区。

[1]　[澳大利亚] 约翰·雷纳, 史蒂芬·韦尔斯, 林冬青, 雷艳华. 澳大利亚的园艺疗法 [J]. 中国园林, 2009（07）.
[2]　同济大学景观学系刘悦来老师谈社区农园 [EB/OL].http://www.chla.com.cn/htm/2017/0213/257690.html, 2017-02-13.

针对儿童的康复景观，首先要考虑安全性，使用无毒、无刺的植物及硬质材料，提供家长监管的场地及设施。同时要注重趣味的创造，注重环境的多样性、变化的连续性和感官的丰富性，通过游戏互动、与大自然接触等活动，使场所充满生机与活力。芝加哥儿童医院皇冠天空花园（Crown Sky Garden）是这类康复景观的典范，它荣获了 2013 年 ASLA 荣誉奖（图 1-7）。

图 1-7　芝加哥儿童医院皇冠天空花园

2. 针对阿尔茨海默及其他类型的痴呆患者的康复景观

对于为阿尔茨海默及其他类型的痴呆患者服务的康复景观，业界已有一定的研究成果。已经取得共识的设计要点包括：由于病人一般会存在辨识道路的障碍，所以需要设计简单的环形道路体系；因为眩光对于老年人的眼睛而言是个很大的问题，所以采用黑色或者有着色的道路表面；鉴于许多病人都能保持嗅觉记忆，可种植花卉，以利用花香唤起使用者早年的美好回忆；为防止晚期阿尔茨海默患者将植物放进嘴里，需要确保种植的植物是无毒的。这样的花园能够提高病人的生活质量，在提供一种没有焦虑的锻炼场所的，同时，也能减轻护士的负担。

3. 针对精神病患者的康复景观

为精神病患者服务的康复景观，可以是城市精神病医院的附属绿地，也可以是远离城市的具有疗养性质的场所。

这类康复景观需要考虑精神病患者的心理行为特点，应该具备安全性、清晰性、围合性、多样性、建筑与室外环境的交融性等特点。在安全性方面，要确保患者在工作人员有效的监视范围之内；通过选择材料及安装方式，使园林要素不易被破坏，避免疗养员伤害他人或自身，如不使用玻璃，将座椅用螺栓固定于地面等；种植无毒无刺的植物。在清晰性方面，应尽量提供使患者易于辨识的道路体系、节点景观等，减少其认知负担。同时，形式要素也尽量清晰，避免抽象图案，以免引起病患不必要的恐慌。医学研究发现，围合且有一定复杂度的外部环境被精神病患者，尤其是精神分裂症患者所偏爱。在进行康复景观规划设计时，应该充分考虑竖向、水平及斜面的围合，通过植物、构筑物、地形等创造多种类型的空间；同时，将植物、水景、道路铺装、景观小品等要素作为丰富环境的手段，实现场所信息的复杂化。在建筑与室外环境的交融性方面，鉴于很多医院中，病人不允许离开建筑单独活动，以及建筑本身所产生的安全感，使得在有建筑元素庇护下能使用的外部环境更加适合精神病患者，如与建筑主体相连的廊架、阳台、屋顶平台、庭院等，都应该引起充分重视。

4. 针对视力障碍者的康复景观

视力受损者包括视力完全丧失及部分丧失者，后者往往对光线有感觉，但达不到正常的视力水平。针对视力完全丧失者的康复景观，应该注意除视觉之外的其他感官的开发，即听觉、触觉、嗅觉及味觉的强调，通过除视觉之外的信息刺激，使其感受到自然环境。针对视力部分丧失者应该采用颜色鲜艳、对比强烈的材料，增强视觉辨识能力，同时充分考虑光影关系，使其能感觉到光线的丰富变化。另外，针对视力障碍者的康复景观，不宜采用复杂的曲线图案，避免造成辨认的困扰。

1.2.3 依据康复景观的性质进行分类

1. 冥想花园

医学研究证明，冥想可以促使 α 波出现，使致病因素从脑中解除，增强疾病的自愈力，提高机体免疫力。根据乔安妮（Joanne Westphal）教授的介绍，冥想花园的设计，能使病患放松心情、集中精神、静静思考，在这一过程中进行内观，注重精神和心理对身体恢复的作用 [1]。克莱尔认为冥想花园追求平和与宁静的气氛，它使人类与自然亲

---

[1] 张文英，巫盈盈，肖大威 . 设计结合医疗—医疗花园和康复景观 [J]. 中国园林，2009，164（25）：7-11.

密接触，用于放松、内观与沉思，并且经常会挂上"冥想花园"的牌匾，使人意识到花园的独特性。

冥想花园一般尺度较小，具有较强的私密性，以围合的空间为主；要求环境安静，远离噪声，没有干扰；具有适合冥想的景观元素及形式特点，如平静的莲花水池、开放冷色系花朵的植物、质感形态丰富的岩石、整洁精致的铺装等。冥想花园中的圆形反映着生命的循环，方形暗示着宇宙的规律，而像凯尔特结那样的形状代表着生命的永恒轮回。冥想花园中经常包括曲折的小路、凉亭、适合长时间逗留的座椅等设施。

美国的克利夫兰植物园中的冥想花园、历史上的迷宫花园及日本的禅宗园林等常被认为属于冥想花园的类型。另外，中国古典园林追求意境，讲究借自然之景，与冥想花园的特征非常契合，如片石山房的精妙叠山，创造出如画的山峰及"人造月亮"的奇景。

2. 感官花园

感官花园指通过景观元素刺激感官，缓解压力及悲伤、焦虑等消极情绪，以促进康复的园林类型。

感官花园不仅注重视觉景观，还要考虑听觉、触觉、嗅觉甚至味觉景观，并且将这些感官要素以主要设计目标的形式，在景观环境中加以呈现。如对于听觉的呈现，可以模仿中国古典园林中"雨打芭蕉""万壑松风"的手法，通过不同植物的选择将雨声、风声等自然界的声音送入使用者的耳朵。这有利于充分发挥环境的整体效应，对那些存在某些感官障碍的使用者而言是十分重要的。如新加坡感官公园的理念是为所有人设计，按照人的五感，将公园分成五大区域，受到健全者与残障人士的普遍喜爱（图1-8）。类似的还有英国利物浦埃弗顿的感官园，视觉区的植被颜色对比强烈、高矮形状各异；嗅觉区的藤本植物气息浓烈；听觉区的流水倾泻或冲刷地面的声音给人印象深刻；触觉区的植物有长毛的、有带刺的、有光滑的、有粗糙的；味觉区的各种瓜果蔬菜，不管能否品尝都刺激着人们的味蕾[1]。

图1-8 新加坡感官花园

3. 纪念花园

纪念花园指以纪念为主题的花园，它能够记录个人与集体的回忆，抒发人们的悲

---

[1] 李树华. 园艺疗法概论 [M]. 北京：中国林业出版社，2011：243-246.

伤之情，也可以记录历史，用于教育后人。在康复景观的网站上，将纪念花园划作单独的一类康复景观。著名的纪念花园有美国华盛顿的美国越战纪念碑、国家艾滋病纪念林（The National AIDS Memorial Grove）、用于纪念"9·11"的宾夕法尼亚州萨默塞特郡的遗产园（The Legacy Groves of Somerset County）等。在这方面做出突出贡献的景观设计师有戴维·坎普（David Kamp）。

4. 复健花园

复健花园与病人的治疗方案紧密结合，以达到期望的治疗效果为目标，首先关注的是身体的康复，心理与情感的恢复在次要位置。著名的案例如美国俄勒冈州波特兰烧伤中心花园。花园除常规的活动休憩场所外，还进行了保健植物的种植。复健花园的建设需要了解疾病及康复治疗的相关知识，有医学技术的指导才能建设出具有实际康复效果的环境。

5. 园艺疗法花园

园艺疗法花园是为展开园艺疗法活动而服务的花园，其设计要考虑到不同患者的身体状况，提供不同难度级别的园艺活动。在花园中，园艺疗法师要教给来访人员一些基本的园艺技能与方法，使他们在家中也能继续这些活动。这类康复景观的布置有一些特殊的地方需要注意，如入口和道路要有足够的宽度，并且平坦无台阶，以方便轮椅的通行；花床和种植容器要抬高，对于坐轮椅的病人来说，0.75 ~ 1.5 米的高度比较合适，对于不能弯腰的使用者来说，1.5 ~ 2.0 米的高度比较合适；需要配备一些特殊的劳动工具，以方便残障人士进行园艺工作，并以就近方便取用为原则考虑这些工具的储藏空间；注重植物芳香、色彩和纹理的选择，创造多样的感官刺激；也可以建造全年都能使用的温室花房。如美国西雅图天然药物诊所的庭院花园、针对中国台湾地区"九·二一"灾民的心灵重建计划的园艺疗法场所等。对于园艺疗法花园，国内学者李树华在其专著《园艺疗法概论》的第十一章中有关于"园艺疗法专类园规划设计"的系统论述 [1]，感兴趣的读者可详细研读，本书不再过多展开论述。

6. 疗养景观

疗养景观是具备疗养性质的景观类型。这里的"景观"有地理学名词的含义，是尺度较大的地表景观，以自然疗养景观为主，如山地、温矿泉、森林、海滨、沙漠等，也包括一些位于良好自然环境中的人文景观，如名胜古迹及古村落等。

疗养景观一般远离城市，空气清新无污染，环境幽静没有噪声，具备某种或多种有治疗作用的景观疗养因子。在疗养景观中经常建设疗养院等医疗机构，或者疗养景观本身就是特殊的疗养基地，如长寿村。疗养景观除具备专业的疗养功能外，经常和

---

[1] 李树华.园艺疗法概论[M].北京：中国林业出版社，2011.

旅游紧密结合，兼具长期疗养与短期参观的使用方式。

疗养景观作为对康复景观概念的完善与拓展，将在本书第 8 章进行探讨。

1.2.4 依据康复景观的参与方式进行分类

在本书中，以参与方式为标准对康复景观进行分类，可分为观赏式、体验式与实践参与式。这三类康复景观，就参与的主动程度而言，从前到后逐渐增加。

1. 观赏式康复景观

观赏式康复景观指以观赏为主，无法进入的康复景观。如医院中狭小的中庭花园，一些无法进入使用的入口花园，以及风景疗养地广阔的自然背景等。这类康复景观一般以植物为主要景观，模拟或者就是真实的自然风景，人们主要通过视觉、部分听觉与嗅觉与其发生联系。

2. 体验式康复景观

体验式康复景观指可以进入景观之中，能够使用、体验的康复景观，如医院的中心绿地、冥想花园，以及大部分的疗养景观，如森林、山地、海滨等。人们可以在康复景观中静坐、散步、登山、沐浴等，同时，环境中的各种元素对使用者形成感官刺激，使其在活动中体验自然，从而产生康复的效果。

3. 参与式康复景观

参与式康复景观指使用者直接对环境进行劳作，通过作业疗法达到康复目的的景观，如园艺疗法、采摘等，以及其他方式的公众参与。在参与式的康复景观中，使用者的主动性得到最大的发挥，他们以环境主宰者的角色出现，有助于提高使用者对控制感的追求。

1.3 康复景观的发展趋势

康复景观作为一种对身心健康有益的景观，除存在于医院、疗养院等医疗机构外，目前在国外及中国台湾等地已做了进一步推广，将其纳入到普通的生活当中，如公共绿地、健康社区、养老院、学校甚至监狱等，康复景观具备广泛的发展前景。随着文明程度的进步，"通用设计"（Universal Design）的提出，普通景观的规划设计也更加人性化，对残障人士、老年人的使用需求考虑得越来越多。康复景观规划设计的理念及实践，将会对越来越多的景观类型产生有益的影响。同时，在环境与健康全球化的视野下，康复景观的外延得到进一步拓展，突破附属绿地、景观类型的范畴，对整个城市、区域甚至全球都有影响，向着无边界、无国界的趋势发展。

1.3.1　康复景观走出医疗机构的围墙

近来对康复景观的研究,往往将其发源追溯到中世纪。宗教因其对精神拯救的初衷,自然承担起医院的职能,康复花园与修道院、寺庙、为朝圣者所修建的旅馆等紧密地结合在了一起。

随着社会功能的分化,医院、疗养院等医疗机构从宗教中独立出来,康复景观也作为其附属绿地成为一种独特的景观。随着文明的进步,以及对残障及患病人士关怀的细致化,医疗机构从医院、疗养院深入到社区、街道、学校等,康复以及景观也随之从医院疗养院的围墙中走出,进入到人们日常生活之中。

无论是在医院、疗养院的围墙中,还是在围墙之外的医疗机构附属绿地里,这类园林之所以能称之为康复景观,更多的是从其附属的对象——医疗机构中得到限定,因其与相对应的医疗机构的直接毗邻关系,而被认定是康复景观。除园艺疗法外,它所发挥的康复作用大多是被动的,提供的康复帮助局限于能看到绿色环境、可以散步、坐在户外等,这些功能在某些普通景观中也是可能具备的。

同时,伴随着健康观念的进步,各种替代疗法被提出并有了蓬勃的发展,如园艺疗法、音乐疗法、芳香疗法等。园艺疗法通过作业参与,音乐疗法、芳香疗法通过强化感官刺激,对疾病及残障人士的康复产生直接的帮助,康复作用更加积极主动。这类疗法所依附的康复景观本身可以存在于医疗机构中,配合药物、手术等治疗手段起到辅助治疗的作用;也可以脱离医疗机构,渗入普通景观之中。这种康复景观可以作为某种类型的景观单独存在,如园艺疗法花园、森林浴场、冥想花园、纪念花园等。它们同时也可以是社区公园、植物园的一部分,如伊丽莎白和诺那·埃文斯疗养花园就作为园中园而存在于克利夫兰植物园内。

此外,"亚健康"这一医学名词的提出,使得非健康的人数从患病者的20%,扩大到95%,健康的人群只占到了5%。这一庞大的非健康人群所使用的康复景观,决定了康复景观的广泛性,它必定要突破医疗机构的"围墙"而进入到人们的日常生活之中。

因此,康复景观从起源于医院外部环境发展至今,已经扩展到公共绿地,公共设施附属绿地,社区、风景区疗养地,甚至整个城市、区域。

1.3.2　康复景观的观念与功能渗入景观的各个领域

康复景观的理念、设计方法的影响在日益扩大,对一般性景观、城市绿地等形成冲击。从广义的角度来看,大部分景观皆可对健康有所助益。注重景观的康复作用,体现人本主义的色彩,是人类文明程度提高的表现。

风景园林学科的创始人奥姆斯特德自 1959 年开始设计纽约中央公园，直到 1895 年退休。他创造了很多设计典范，证明了景观设计能够改善生活质量，其中城市公园在提供自然体验及缓解城市人工感受和城市生活压力方面有着重要贡献。从奥姆斯特德自身的经历来看，在建设纽约中央公园期间的 1861～1863 年，他曾出任美国卫生委员会主席，审查所有联邦军队志愿兵的健康和军队环境卫生，并为军队制定了一套国家医疗保障体系。实际上在奥姆斯特德的头脑中，景观对于人类健康的帮助是这个行业存在的重要价值之一。从在这一层面上看，对健康的促进是景观的一种基本功能，只是这种功能并不特意针对病人及残障人士。

随着行业的发展，设计界认识到设计的目的应该是能够为尽量多的普通民众使用。美国 1990 年通过的《美国残疾人法（ADA）》拓展了《建筑障碍法》(the Architecture Barriers Act) 和《联邦统一可达性标准》(Uniform Federal Accessibility Standards)，规定各种公共设施都要满足无障碍设计的标准。我国于 2001 年 8 月 1 日起正式实施《城市道路和建筑物无障碍设计规范》，规定 "公园、小游园及儿童活动场的通路应符合轮椅通行要求，公园、小游园及儿童活动场通路的入口应设提示盲道 [1]。" 在无障碍设计中，起初设计被描述为 "为所有人而设计"(design for all the people)，后又改进为 "为所有能力水平的人而设计"(design for people of all abilities)，"所有能力水平的人"，包括能力衰弱的老年人、能力不足的儿童、能力缺失的残疾人。

至此，"通用设计" 被提出，所有人利用度的概念深入人心。普通景观的服务对象也从健康的人群扩展到了包括残障人士、老年人等更广泛的大众。将通用设计应用到普通景观，使一般景观也具备良好的康复功能的可能性是存在的，而且在某些国家的一些项目中已经得到实现。从这个角度而言，康复景观是一般景观的理想模式之一，是真正意义上的为所有人服务的景观。

---

[1] 中华人民共和国建设部. 城市道路和建筑物无障碍设计规范 [M]. 北京：中国建筑工业出版社，2002.

2 医学与环境心理学对康复景观设计理念的影响

2.1 医学观念的发展对康复景观的影响

现代医学中，无论是中国的传统医学还是西方医学，其治疗、康复的整体观、人与自然的和谐观，以及心理与生理的统一观均对康复景观产生了重要的影响。

2.1.1 治疗、康复的整体观对康复景观目标确立的引导

随着医学的不断发展，无论是中国传统医学还是现代医学，都已经脱离了专一化的诊断和治疗方法，主张一种整体的、多维度的，将治疗与康复统一起来的方式。这一观念使得康复景观在新的医学模式中将大有作为。

中国传统理论认为人是一个有机的整体，以五脏为中心，配合六腑，通过经络系统的作用实现人的各项技能。这种整体性包括三个方面的内容。

（1）形体结构的整体性，即组成人体的各个脏腑、组织器官都是有机整体的一个组成部分，不可分割。

（2）基本物质的同一性，即组成各脏器并维持其正常生理功能活动的基本物质都是精、气、血、津液，这些物质分布并运行全身，以维持机体统一的功能组织。

（3）功能活动的同一性，即虽然每个脏腑均有各自不同的生理作用，但是在功能活动中，它们之间密切配合、互相协作或相辅相成。

因此，在治疗与康复过程中，强调从整体上加以调治，从整体出发确立相应的治疗原则和方法。

同时，中医理论认为，人除了自身是有机整体外，人与自然、人与社会环境也具有统一性。因此在防治疾病的过程中，既要顺应自然法则，又要调整人文社会因素导致的精神情志和生理功能的异常，提高其适应社会的能力。

正是基于这种整体性的考虑，传统中医理论对于疾病持一种恒动的观念，认为各种现象，包括生命活动、健康等都要遵循自然界"动而不息"的根本规律。中医认为

病因作用于机体到疾病的发生、发展、转归，整个疾病的全过程始终处于不停的动态变化之中，如外感表寒症未及时治疗，则可能入里化热，转成里热症。所以中医讲究治病必求其根本，以平为期，主张未病先防，既病防变，调解人体阴阳偏盛偏衰，使之保持生理活动的动态平衡[1]。

而在现代医学的发展历史上，人们对现代医学经历的阶段认识不一，有的认为经历了四个阶段，即原始医学、经验医学、实验机械医学及现代医学四个阶段；也有人认为经历了三个阶段，即机械医学、生物医学及现代医学三个阶段。但是无论哪种观点，均认为现代医学的显著特点是生物、心理和社会的综合医学模式，即对人类疾病及健康状态的思考。除了要考虑医学因素之外，还要将心理、社会等因素考虑在内。这种医学模式的转变，直接引起了人们对包括医院在内的医疗机构功能认识的转变，即这些机构由传统的治疗性机构向"医疗、预防、保健、康复"复合型机构转化。在这些功能的考虑中，人的社会心理及获取信息的需求更加引起人们的重视。

在这样的医学背景下，康复景观的提出符合世界医学发展的趋势，是整体医学观念的体现；同时，治疗与康复也是康复景观存在的直接目的，是康复景观区别于一般性景观的主要特征之一。

2.1.2　人与自然的和谐观对康复景观作用机制的推动

康复景观作为第一自然本身或者第一自然在城市环境中的替代品，在人们的生活中发挥着很大的作用。而无论是中医理论还是现代西方医学理论，均对人与自然的和谐统一有着深刻的认识与阐述。这一观念对康复景观是一种推动。

中医理论是以中国传统自然哲学为基础的医学。由于中国古代自然哲学包容万象的特点，其形而上的方法对中国传统医学产生了重要影响。"粗守形，上守神"的中医思维，本身就说明中医在理论上注重对医学问题形而上的研究方式。此外，这种基础性表现为古代自然哲学概念直接转化成为中医的理论概念，中医理论用感性名词概括抽象医学理论。中国传统自然哲学包括了自然哲学家所总结出的"五行说""阴阳八卦说""元气说"等。而在中医理论中，"阴阳学说"是一种最基本的理论方法。在中医学经典著作《黄帝内经》中有大量关于阴阳理论的论述，如"自古通天者，生之本，本于阴阳[2]""阴阳者，天地之道也，万物之纲纪，变化之父母，生杀之本始，神明之府也。治病必求于本[3]""昭昭之明不可蔽，其不可蔽，不失阴阳[4]"。

[1]　李加邦. 中医学 [M]. 北京：人民卫生出版社，2011：4-7.

[2]　苗德根整理. 黄帝内经·素问 [M]. 中国中医药出版社，2017：10.

[3]　苗德根整理. 黄帝内经·素问 [M]. 中国中医药出版社，2017：16.

[4]　牛兵占. 黄帝内经·灵枢 [M]. 中医古籍出版社，2009：134.

正是以这种"阴阳论""元气论"为基础,中医学构建了"天人合一"的整体医学观。在中医学的理论中,"天人合一"是一种人与自然相互呼应的状态,认为人的生命活动是由自然属性及自然状态所决定的。具体而言,中医学"天人合一"包含了以下的三层含义:一是人体的形态结构与自然中的万物类似,取决于自然;二是人的生命运动、生命规律与天地自然的变化相呼应;三是人的生理功能、变化节律是随着天地四时的变化而变化的。"天人合一"的理论是诸如《黄帝内经》等经典医学理论著作的核心思想[1]。

因此,中医在诊断与治疗时,均注意综合考虑自然因素。诊断时主张应该联系四时气候、地方水土、生活习惯等因素综合分析研究。在治疗时主张遵循"三因制宜"原则,即养生防病中,要顺应四时气候变化的规律,保持与自然环境协调统一;在气候变化剧烈或急骤时,要"虚邪贼风,避之有时",防止病邪侵犯人体而发病;在用药时,要"因时制宜""因地制宜""因人制宜"。

在中医人与自然和谐观念的影响下,"阴阳五行"与健康的关系被再次关注,并且应用到康复景观规划设计之中。"阴阳五行"作为中国古老的哲学观念,被应用到社会生活的各个方面,它与医学中人体的五脏有着一一对应的关系;同时,与颜色、方位、植物的种类等也有对应关系。这使得它能够将医学的观念与物质的景观产生良好关联,是行之有效的指导康复景观规划设计的方法。同时,人与自然的和谐观也影响到广大民众,在我国形成全民养生的习俗,使康复景观的开展具备良好的群众基础。

同样,西医在发展过程中也十分重视人与自然的相互协调与统一。早在西方医学的萌芽时代,作为西方传统医学起源之一的古希腊医学的重要代表学派,希波克拉底学派就持一种整体论的观点,认为人体是作为一个整体而存在的,而且人体内的各个器官之间,也不是彼此分离,而是互相联系的,因此一种疾病的产生可能会累及全身。同时,人体是与外界自然不可分割的,外界的气候、天气、空间等因素会对人的健康和疾病产生影响[2]。同样,对西方医学产生直接影响的毕达哥拉斯学派也持有朴素的唯物主义思想,认为水、火、土、气等四种元素之间的相互转化,创造出世间万物。后来,西方的医学随着社会的发展,经历了中世纪神学对于精神的强调、工业资本主义时期对于技术的强调,到了近现代,人们又开始重视自然环境对人的影响。英国的医院改革者 John Howard(1726-1790)在马赛、维也纳和佛罗伦萨看到医院为病患所建造的花园之后这样描述:"在这所有的医院中,我羡慕流动的新鲜空气,病人可透过他们的

[1] 姚春鹏.中国传统哲学的气论自然观与中医理论体系——兼论中西医学差异的自然观基础 [J].太原师范学院学报(社会科学版),2006,5(4):1-6.
[2] 齐岱蔚.达到身心平衡——康复疗养空间景观设计初探 [D].北京:北京林业大学,2007:12.

门窗看到花园，也可以让康复中的病人有机会走入花园[1]。"

西方对人与自然关系的看法随历史变迁，但将其结合起来看待的观念，无论是过去南丁格尔的花园式医院，还是当今的整体医疗，都是值得肯定与推崇的。尤其伴随生态意识的觉醒，恢复性环境对健康的益处被科学证实，西方的医学将自然纳入医疗机构的外部环境成为必然，对康复景观的全球化发展都是很好的推动。

2.1.3 生理与心理的统一观对康复景观功能实现的引导

人的身心包括生理和心理两方面，两者互相依存，互相影响。无论中国传统医学还是现代医学，都十分注重生理和心理的统一。这要求康复景观既要关注生理也要关注心理。糟糕的身体状况会产生不好的心情，坏的情绪会加重身体的不舒适感；而良好的精神能带动生理向良性方向发展。康复景观能够通过自然要素改变人的生理状况，同时对人的心理产生重要影响，进而发挥康复作用。从生理角度看，康复景观中自然元素分泌的负氧离子、植物杀菌素等，能够提供清新的空气，杀死某些病毒与细菌。从心理角度看，康复景观可以缓解压力、提高注意力，通过激发愉悦的情绪来调节身心的平衡。在这一层面，生理与心理的统一引导着康复景观的功能。

在中国传统医学中，对于心理因素是十分重视的。传统中医理论认为人的心理和生理是统一的，即"形神合一"。因此，在养生理论中，中医认为必须要注意精神调养。嵇康在他的《养生论》中就曾主张："形恃神以立，神须形以存……修性以保神，安心以全身。"在病理诊断及治疗过程中，强调心理、情绪对身体机能的影响，提出了"六淫""七情"等理论，即认为疾病的外因主要是风、寒、暑、湿、燥、火等"六淫"，而内因则为喜、怒、忧、思、悲、恐、惊等"七情"。因此，在养生过程中，必须要注意调节喜怒哀乐，正如陶弘景在其《养性延命录》一书中所强调的，要"少思寡欲"，"游心虚静，息虑无为"。

同样，西方医学在发展过程中，也曾经对心理因素极为重视，强调生理因素与心理因素的协调统一。心理方面，古希腊时期的医学就认为，疾病是人的机体平衡遭到破坏而造成的，因此强调身与心的互相联系，认为改善健康必须要充分考虑生活环境、生活方式、心态和意志力等因素，精神的健康对机体的健康具有很大的促进作用，从而支持疾病康复中对人的主观作用的激发和改善。柏拉图曾讲到精神健全和保持身体健康的关系。他认为，不能因身体健全而改善精神，但健全的精神却可以改变身体，以此说明精神健康应该是健康的首位[2]。在黑暗的中世纪的欧洲，虽

---

[1] Westphal J M.Hype，Hyperbole and Health：Therapeutic Site Design[C].Benson J F，Rowe M H.Urban Lifestyles：Spaces，Places，People.Rotterdam：A.A.Balkema，2000：13.

[2] 吕维柏.中外医学发展史比较[J].中华医史杂志，2000，30（1）：5-8.

然与基督教义相左的思想和知识都被当作异端而被排斥了，但是随着基督教的发展，与基督教义冲突不大的部分则在宗教的统摄下得以继续存在和使用。此时教会开始承担部分医疗和社会救助的功能，基督教的信仰也促使保健和护理的兴旺。在对疾病的治疗和护理过程中，基督教十分强调精神信仰的作用，因此在修道院等机构治疗人们疾病的时候，一方面强调对人内心信念的改变，另一方面也注意了环境对人情绪和心理的影响。因此，康复景观在欧洲的第一次繁荣就发生在中世纪。为了治疗疾病或者治愈精神病人，此时的修道院、救济院里一般会设计医疗空间。这些医疗空间多采用花园的形式，同时将患者的房间安排在靠近花园和庭院的地方，从而保障患者能够享受到足够的阳光。花园中植有草地和开花植物，人们可以在其中散步休息 [1]。后来，随着文艺复兴运动的发展，医学对人本身的关注也越来越多，其中对于生理与心理统一的认识也逐渐深刻。1946 年世界卫生大会通过的《世界卫生组织宪章》中确定的健康（Health）定义是：健康是身体、精神和社会生活的完美状态，而不仅是疾病或虚弱的消除。国际上许多国家也更加关注人类心灵的满足状态，有别于过去治疗的狭隘观点，进一步追求人类身心灵三位一体的完整性 [2]。因此，在现代医疗机构当中，除了要求具备精良的医疗设备和良好医技水平之外，对优越的医疗环境提出了更高的要求，以期更加有效地减少和消除使用者的心理压力，调节使用人的心理因素，从而增强机体的抵抗能力和自愈能力。

2.2　环境心理学的研究推动康复景观的产生与发展

2.2.1　环境心理学与康复景观的契合

环境心理学是研究人的行为和经验与人工和自然环境之间关系的整体学科 [3]。它主要研究人及人的行为与环境，包括自然环境和人造环境之间的相互联系、相互作用和相互关系，包括环境对人的影响以及人对环境的反应。作为心理学的一个分支，环境心理学在景观设计，包括康复景观设计中，具有十分重要的作用。这种重要性是与环境心理学的研究重点、人与环境的关系、心理与康复效果之间的契合密不可分的。

由于环境心理学以研究环境与人的行为之间的关系为其核心内容，十分注重研究环境对人的行为、人的情绪的影响和决定作用。其基础为心理学。在研究人的行为动机、心理的基础上，注重将环境与行为之间的关系作为一个整体进行研究。环境心理学采用理论与应用并重的方法，以环境与人的行为之间的关系为中心，解决环境因

---

[1]　苏鹏.中国传统养生之道在疗养空间景观设计中的应用 [D].江苏：江南大学，2008：5.

[2]　南登昆.康复医学 [M].北京：人民卫生出版社，2008：1.

[3]　[美] 保罗·贝尔，等.环境心理学 [M].朱建军，吴建平，等译.北京：中国人民大学出版社，2009：5.

素与人之间的理论性问题。而康复景观设计的核心内容之一就是要构建一个对人的健康具有促进作用的环境，从而通过影响人们的生理和心理，产生康复性的效果。在环境与人之间的关系上，二者具有契合度。因此，环境心理学对于康复景观设计具有指导作用。

当然，这种指导作用的前提就是环境与人的行为之间的密切关系，如果环境与人的行为之间没有如此密切的关系，也无法将环境心理学与康复景观设计联系在一起。在历史上，关于人与环境之间的关系，曾经有过不同的理论，具体而言，包括环境决定论、环境可能论和环境忽然率论。环境决定论盛行于西方 19 世纪，受达尔文进化论思想的影响，认为环境决定了人的行为，两者之间具有必然的因果关系。但是，这种理论有一个极大的弊端就是将两者之间的关系绝对化，因此受到了其他学派的批判。在批判者中，有人认为人类历史是由自由意志决定的，并在此基础上提出了环境可能论。这种理论认为，对人的行为起到决定作用的是人的主观能动性以及基于这种能动性所作出的选择。环境对于人的决定和选择而言，只是一种提供人们选择机会的介质，不能对人的行为起到决定性作用。这种理论虽然避免了环境决定论失之绝对的弊端，但是又带有了唯意志论的色彩。后来有学者中和了这两种理论，并发展出环境忽然率论。该理论认为在环境与人的行为之间，虽然不是绝对的必然因果关系，但是基于常识，还是具有一定的规律性的，我们可以通过研究探索人、行为与环境之间的持久关系，从而对人们做出决定的幅度以及对行为选择的概率进行大致的判断 [1]。

笔者认为，我们虽然不必过分强调环境对行为的决定性作用，但是正因为环境与人行为之间的重要关系，才产生了上述的争论。心理学家勒温曾在 20 世纪 30 年代提出了一个著名的心理行为公式：$B=f(p, e)$。在这个公式中，B 代表行为，f 代表函数，p 代表人，e 代表环境。这个公式说明环境和人这两个因素对一个行为的产生均具有影响，因此，勒温认为，只有结合具体的环境，也就是生活空间，才能理解和预测人的行为 [2]。

因此，环境本身具有重要的价值，而这种价值中包含着重要的心理因素。威尔逊就曾经在其著作《生命的未来》中强调了"荒野"的环境价值。他认为"荒野"的心理学意义包括了身心的治疗与治愈、心理的满足与和谐、心性的需要与发展等三个方面的内容。在身心的治疗与治愈方面，他认为环境因素的失调能够导致人们身心疾病的发展，这种环境因素既包括居住环境，也包括自然环境和社会环境，因此只有构建和谐的环境，才能对人们的身心健康以及治疗发生作用。在心理满足方面，他认为环

[1] 李道增. 环境行为学概论 [M]. 北京：清华大学出版社，1999：15.

[2] 叶浩生. 西方心理学的历史与体系 [M]. 北京：人民教育出版社，1998：453.

境中所体现的和谐因素包含了对人类心灵的慰藉，能够促进人们内在的和谐。在心性的发展方面，环境可以将伦理价值和社会价值融合在内，可以促使人们在生态层面进行道德伦理的思考，从而提升人们的心性境界[1]。

正是环境与心理之间的重要关系和环境本身的重要价值，为康复景观设计中引入环境心理学创造了条件。我们可以通过改善环境来解决或者缓解环境本身所引发问题。在人类社会工业化和现代化发展过程中，由于现代主义思想和人类中心主义思想的影响，生存环境日益恶化，对人的心理和行为产生了巨大的消极影响。研究表明，生活中常见的身心疾病如抑郁症和慢性疲劳综合征等发病率，与环境污染或环境恶化的趋势呈正相关[2]。因此，改善人们直接生活其中的、具有负面影响的居住环境、生活环境等，能够使人们从中受益，产生康复性效果。

2.2.2 环境心理学对康复景观观念上的影响

1. 因人而异与以人为本的观念

人是环境的使用主体，既然环境中有了人的因素，环境就应该被注入"人性化"设计，从而使之具有人本主义精神。当前，康复景观环境是一个综合性的概念，涉及社会学、心理学、医学、建筑学等许多方面。当这些方面落实到具体的景观设计中时，必须考虑使用人群的不同，不仅要适应这些人群的自然属性，还要满足其需要交往、沟通情感、交流信息、自我实现等一系列社会属性。这些属性的存在体现了人的因素在康复景观设计中的重要性，也决定了人与景观环境协调的必要性，因此，景观环境不能离开人的行为和心理状况而独立存在。

对于康复景观环境而言，弘扬人性，表现对生命健康的关怀，激发使用者消除紧张情绪直至治愈疾病的信念，满足使用者生理、心理和社会等一系列需要，将越来越成为人们关注的研究课题之一。能否真正创造出一个对不同使用人群具有康复性效果的景观环境，让不同的使用者在该环境中实现康复的目的应当成为景观设计者追求的目标，也是衡量一个康复景观成功与否的重要标志。

同时，这种人本主义关怀也是康复景观功能实现的需要。康复景观作为景观设计的一个特殊类型，以其功能与目的的独特性而存在。不同于街道绿地等一般性景观，康复景观在设计过程中必须要考虑引发人们心理问题和生理问题的应激源，必须要考虑消除引发身心问题因素的有效途径，从而使康复景观具有针对性和实效性。这种功能与目的的独特性的基础是使用人群的特殊性。虽然我们强调环境与人的交互影响，

---

[1] 徐峰申，荷永．环境保护心理学：环保行为与环境价值 [J]．学术研究，2005（12）：57.

[2] 申荷永．心理环境与环境心理分析——关于可持续发展的心理学思考 [J]．学术研究，2005，6（11）：5-8.

但是作为一种应用性景观类型，必须要考虑其特殊使用者的实际需要，否则这种景观设计的前提就不再存在，成为无源之水、无本之木。

要实现因人而异的人本主义关怀，我们在康复景观设计过程中，就必须实现景观设计专业化与使用人员需要具体化的良好结合。不仅要以专业化的眼光和技术来考虑康复景观设计中的整体特征、局部安排与具体细节，还应当考虑人们对环境的具体需要。格罗培斯设计肯尼迪花园路径时，通过让使用者自己踩出道路，从而修建道路体系。这个案例说明使用者的参与是人性化的最高体现，最人性的就是最好的[1]。对于康复景观也是如此，其较强的目的性与使用性必然要求我们了解使用者的实际需求、使用心理，从而使康复景观在设计过程和使用过程中达到以人为本的目的。

2. 文化因素与社会因素兼容并蓄

在心理形成过程中，文化的因素和社会因素是不可或缺的，因此，在康复景观设计中，必须要对文化因素和社会因素兼容并蓄。

在意识和认知形成过程中，存在一个感知对象将记忆中的储存信息进行比较、融合的过程，因此就必须重视文化因素对心理过程的影响。影响先天因素和经验因素的不仅仅是个人的爱好，也包括家庭、民族、社会阶层、生活方式等因素。每个具体的人都是在具体的社会文化中成长起来的，文化因素必然对人的行为具有相当大的影响。如经典案例所展示的那样，面对冲突，依赖性文化规范特征比较显著的日本儿童认为尽量不要伤害他人，而自由性文化规范特征比较显著的美国儿童则明显地表现为不被他人伤害的自我独立感[2]。同样，在个人空间心理的差异中，种族等文化因素造成的空间行为的跨文化差异是比较明显的。霍尔曾提出，在诸如地中海、阿拉伯的文化中，由于肢体接触比较频繁，那里的人们会以比较近的距离进行交往。相反，在诸如北欧、美国等的文化中，由于保守的"非接触"文化占有上风，人们之间的交往则会展示出更大的距离[3]。

因此，在康复景观的设计过程中，必须要根据使用人群的特点，考虑其所体现的文化特征。一般而言，在康复景观设计中，有以下几个层次的文化因素必须要考虑：第一是文化和亚文化的影响。亚文化即个人或小群的特定生活方式。大量研究表明，文化或亚文化对于个人活动的各方面会产生最基本的影响。第二，人们所处的社会环境、社会阶层状况也会成为一种能够影响人们感知的比较基本的因素。第三，人们所处的生命周期中的不同阶段，如少年时期、青年时期、中年时期、老年时期，对人们行为

[1] 温新建. 建筑环境心理学中有关空间使用的几个问题 [J]. 现代物业，2011，10（3）：74.
[2] [美] 理查德·格里格，菲利普·津巴多. 心理学与生活 [M]. 王垒，王苏，等译. 北京：人民邮电出版社，2003：519.
[3] [美] 保罗·贝尔，等. 环境心理学 [M]. 朱建军，吴建平，等译. 北京：中国人民大学出版社，2009：246.

也会产生较大的影响 [1]。

同样，在心理认知和行为形成上，社会因素也具有十分重要的作用。因为现代社会不断发展的一个基本的因素就是社会分工的不断细化和深入。随着社会分工的发展，每个人不可能脱离他人而独立生存，必须要在不同角色的社会人之间的相互依赖、相互交往、相互合作中才能生活下去，因此人们也更加依赖于这种社会交往和社会关系。由于每个人不可能只存在于某一种单独的社会关系中，因此不同的空间、不同的时间内，我们可能会承担并体现出不同的社会角色特征。比如在家庭关系中，我们可能是父母或者子女，而在工作关系中，我们则可能是上司、同事或者下属。不同的社会分工和社会角色，必然会对人们的心理产生不同的影响，从而做出不同的行为。同时，为了能够使社会稳定地发展下去，保持和谐的秩序，避免在相互争斗中导致社会的解体，社会规范成为一种必然的、也是必需的因素，它影响人们对自身角色行为的期望和认知，导致对行为和社会关系的调解和互动。在社会因素的影响下，当人们接受一个社会角色，并遵从于一种社会规范时，就会在某种程度上产生从众的行为。社会心理学家认为有两种因素会导致从众，一种是信息性影响过程，即人们希望能够准确地了解在某种确定的情景下，哪种反应方式才是正确的；另一种是规范性影响过程，即人们希望自己能够被别人喜欢、接受和支持 [2]。社会因素对人们心理影响的一个很典型的研究就是关于利他行为等亲社会行为的研究。巴特森（Danil Batson）就曾指出，有四种力量会使人们做出有利于公共利益的行为。这四种力量包括：利他主义，即对他人有益的行为；利己中心，即以有利于自我利益增长为目的的亲社会行为，在这种心理作用下，人们帮助他人是为了能够得到同样的回报或报酬；集体主义，即有益于某一特定群体的亲社会行为，如改善家庭关系、增进集体团结等；规则主义，即支持或遵守道德、伦理、宗教或习俗等规范、原则的亲社会行为 [3]。

基于以上理论，人们有时候会采用社会支持来对患者进行治疗。研究表明，支持性的团体环境可以延长癌症病人的存活时间。在一个实验中，实验者以 86 名已经扩散的乳腺癌患者为实验对象，在提供常规的医学治疗的同时，对其中的 50 名患者额外提供一种小组支持治疗。这种治疗持续了一年，每周进行一次。在小组治疗中，这 50 名患者要聚在一起，共同讨论他们在患病期间遇到的各种问题，以及对这些问题的应对经验。在治疗过程中，他们得以表达自己对癌症的恐惧和其他情绪。在后来的跟踪随访发现，那些参加小组治疗的患者平均存活时间为 36.6 个月，而没有参加小组治疗的

[1] 李道增 . 环境行为学概论 [M] . 北京 : 清华大学出版社，1999 : 97.

[2] [美] 理查德·格里格，菲利普·津巴多 . 心理学与生活 [M]. 王垒，王苏，等译 . 北京 : 人民邮电出版社，2003 : 481-483.

[3] [美] 理查德·格里格，菲利普·津巴多 . 心理学与生活 [M]. 王垒，王苏，等译 . 北京 : 人民邮电出版社，2003 : 512.

患者平均存活时间仅为 18.9 个月 [1]。不仅如此，很多对于精神疾病的治疗也同样引入了小组治疗、家庭治疗等社会关系的力量。这种方式可以运用小组的成长过程或家庭的亲情关系来影响个体对不良行为的适应，也为参与者提供了观察和实践人际技巧的机会，还可以使个体的情绪体验有机会得到矫正。

因此，在康复景观设计中，一方面要注意对社会因素的引入，让使用者更多地体会到社会因素对康复的有益影响；另一方面注意为社会因素发挥作用创造一个较好的场所，使人们能够在这个场所中顺利地实现社会关系交往，获得社会支持，从而使社会因素最大地发挥作用。

---

[1]　[美] 理查德·格里格，菲利普·津巴多 . 心理学与生活 [M]. 王垒，王苏，等译 . 北京：人民邮电出版社，2003：379.

3 康复景观设计的环境品质要求

康复景观具备独特的品质，这使其区别于其他类型的景观，也成为规划设计时的目标。对康复景观的品质要求，可以从人体患病的机理、压力缓解理论、注意力恢复理论及卡普兰的其他研究成果、应激理论，以及先天本能与后天习得等方面得到一些启示。

3.1 康复景观的品质目标

对医学与环境心理学的相关理论研究，形成了对康复景观的品质要求，这些品质使得康复景观区别于其他类型的景观，能很好地发挥康复作用，同时也是康复景观规划设计的目标。

首先，康复景观应该远离或者减弱空气污染、噪声、核辐射等，应该保持适度的密度，避免拥挤。这使得康复景观本身避免致病因素存在，使环境具备维持人体健康的基础。

其次，从康复景观所引发的人的情绪来看，它应该是使人愉悦与非唤醒的，能够使人安静、舒适，可以缓解紧张与压力。这里引用拉塞尔（Russell，J. A.）和兰纽斯提出的地点情感品质模型加以说明（图3-1）。在这一模型中，对于普遍意义上的康复景观，其情感品质越靠近令人愉悦，同时具备非唤醒的特征，越比较合适。那些令人愉悦同时具备唤醒的情感品质，并不适合所有的康复景观使用者。因为令人兴奋的、刺激性的品质，与使机体镇静的初衷是相矛盾的，它对于某些疾病的患者，如焦虑症患者、失眠症患者是尤其不合适的；但对于抑郁症患者，一些儿童及青少年也许是值得提倡的，所以需要根据具体情况区别对待。那些唤醒且使人不愉快的，使人不愉快且非唤醒的是康复景观中应该避免的。

最后，从形态方面来看，康复景观应该包含植物和水元素，以开放的草坪与树丛，林中的草甸与湖水等为理想模式。康复景观应该以简单、熟悉的图像及形式为主，避免消极的或者含混的图像与形式；易识记性与神秘性越多越好，而一致性与复杂性达到中等水平即可；具备远离、延展、魅力与兼容性四方面的特点，做到"理解"与"探索"的对立统一；注重控制感与稳固感的塑造，削弱无助感。

以医疗机构的康复景观为研究对象，通过环境心理学的方法，结合国外已有的针对医院、疗养院的规划设计目标，以及在中国医疗机构的调研情况，可以总结出规划设计的目标。从康复景观规划设计的目标看，它由评价标准和应用人群两个坐标体系

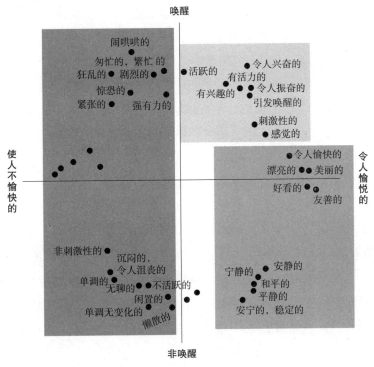

图 3-1　环境的情感品质模型

构成。从其评价标准看，规划设计的目标可以从人的需求、物质的环境与行为三个方面来说明。从其应用人群的具体情况看，又包括针对病人的康复性目标、针对员工的康复性目标及针对家庭成员的康复性目标。两个坐标体系交叉作用，形成一个立体化的规划目标系统。

从规划涉及内容的评价标准看，主要包括人的需求、物质环境和行为三个方面。

首先，对人来说，人的需求包括：

（1）保证病人的安全：员工能从室内进行全程监视；封闭式的场地，以防止病人走出监控范围，发生不必要的危险。

（2）促进独立性：拥有到户外环境的自由；具有容易接近的道路体系。

（3）增强感官认知：选择植物材料；将加强感官认知的植物种植在重要的位置。

（4）确保个体的私密性：在有直接干扰的地方种植植物以提供缓冲；创造壁龛式的半私密可坐空间；提供顶面遮挡，以避免从高层建筑而来的视线干扰。

（5）鼓励建立拥有感：使人感觉自己是环境的主人；创造容易被适应的外部环境；既有为个人服务的空间，也有为群体使用的花园。

其次，对场所、物质环境来说，康复景观的设计目标包括：

（1）室内外环境的融合：从窗户可以看到外部环境；方便进出的出入口。

（2）舒适的小气候环境：通过构筑、植物等实现身体上的庇护；种植植物以缓和极端温度，调节空气湿度，并改善风环境。

（3）创造熟悉的特征：采用住宅建设中常用的材料；创造与功能相符的环境与特征；加入体现中国文化的元素。

最后，在行为方面要促进人们的相互作用，包括：

（1）鼓励社交及与环境的交流：为人们提供聚会的场所；为人们提供可以接触自然的场所。

（2）支持各种等级的活动：满足参与体验度高的使用；也可以满足观赏等被动性活动需求。

（3）明确空间方位：采用简单的布局；在节点应用标志物。

（4）提供有趣的散步道：提供走廊的体验；提供锻炼、运动的可能。

（5）提供可选择的座椅：座椅朝向可供参观的场所；将座椅放置于安静的场所；座椅可供独处，可供交流；提供向阳的及在阴影中的座椅。

（6）提供可工作与娱乐的场所：设置园艺操作台；提供户外休闲运动，如太极拳、集体舞等的场地。

从康复景观的使用主体而言，病人、员工和家庭成员有着不同的需求，这些需求要在人的需求、物质环境与行为三个方面进行具体体现，其主要内容如下：

（1）对于病人而言的康复性目标：康复景观需要支持其能力范围内的活动，并且对丧失的功能进行一定的补偿；建立其与熟悉内容或规律之间的联系；传达归属与效用的信息；能从环境中获得被尊重与主导者的感觉；提供可继续工作或从事爱好的机会；在物质环境中能获得安全感；增强对于自然、季节、场所与时间的敏锐性；创造可进行体育锻炼的场地；加强独立与自由的体验。

（2）对于员工而言的康复性目标：康复景观需要创造一个令人愉悦的工作环境；提供与预期数量相当的活动空间；提供可以完全监控的区域；拥有灵活性，以使环境能够适应变化的需求；提供可以缓解压力的环境；创造可供员工暂时休息的场所；提供可全天候使用的空间；为焦虑的使用者建立道路体系；实施有创新的治疗模式。

（3）对于家庭成员及探访者而言的康复性目标：康复景观应该为相对高质量的照护提供保证；提供像家一样的有熟悉感的生活环境；为使用者继续正常的社会角色提供机会；提供私密空间以及舒适的探访环境；鼓励投入到照护的项目之中。

3.2　人体患病的机理对康复景观功能及氛围的引导

创造具有康复性质的景观，需要了解人体患病的机理，以此发现康复景观的一些特征。

有毒的气体、细小的尘埃、各种细菌病菌，是导致疾病的直接原因，能够引起人生理上的病变。同时，对于心理因素能够对机体生理活动产生影响这一观点，已经形成了不同的派别，各个派别的代表人物分别从不同的角度，从心理因素对生理活动的影响、表现及产生机制进行了系统而深入的研究与阐述。

据统计，英国人 75% ~ 90% 的健康问题与紧张有关。压力会导致疾病的产生，其生理机制如图 3-2 所示。

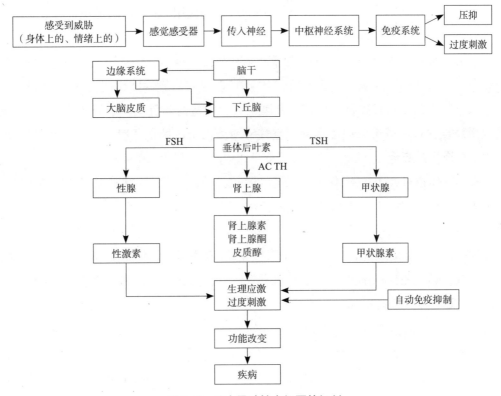

图 3-2　压力导致健康问题的机制

沃尔夫（H. G. Wolff）提出了心理应激理论。他经过 30 多年的实验室以及临床观察和研究，发现在情绪愉快时，黏膜血管充盈，分泌增加；在愤怒、仇恨时，黏膜充血，分泌增加；而在忧郁、自责时，黏膜苍白，分泌减少，运动也受到抑制。他认为这些生理和病理变化是心身疾病结构性改变的前驱。此外，巴甫洛夫创建了情绪理论，他认为在习惯的生活方式发生改变时，如失业或亲人死亡、心理恐慌和信仰粉碎、个体所体验到的沮丧的情感，其生理基础就是旧的动力定型受到破坏，新的定型又难以建立起来。人的环境以及因它而产生的某种变化对他所具有的意义越大，情感体验就越深刻，由此而产生的暂时性神经联系系统的改造便引起了兴奋过程。

通过对人身体患病的作用机制的研究发现，有康复作用的景观需要具备避免噪声、避免空气污染、能够吸收有毒气体、吸滞尘埃、杀菌抑菌的物理特性，以及使人愉悦、安静、舒适，能够缓解紧张等环境品质。从紧张、不镇静而导致人体疾病的角度出发，可以找到国外著名康复景观的研究者库珀所提出观点的解释，她认为"一些得了国际大奖的景观未必具有康复性，一些前卫的艺术形式未必适合康复景观"，那些项目或艺术也许有着强烈的冲突，具备紧张、矛盾的特点，前卫而有创新性，但对于促进人体健康却是不利的，对康复景观而言是不适宜的。

3.2.1 避免恶劣环境减少致病因子

恶劣的环境，如噪声、大气污染等，会刺激交感神经，使人不安、易怒、失眠、心烦意乱，造成心跳加快、血管收缩、血压升高。景观元素可以减弱噪声、吸附有毒气体和空气中的尘埃，并且可以产生新鲜空气，创造富含负氧离子的环境；疗养性的景观用地往往远离城市，环境幽静、空气洁净。长期在景观环境中，可以稳定情绪，有利于高血压的降低。

有毒气体指对人体有害、使人中毒的气体，能引起神经系统、呼吸系统、肌肉的麻痹，产生头晕、恶心、胸闷、呼吸困难、皮肤溃烂、气管黏膜溃烂，甚至休克、死亡等症状，可导致鼻炎、喉炎、气管或支气管炎、肺炎、肺水肿、神经衰弱综合征、中毒性脑病等多种疾病。常见的致病有毒气体包括一氧化碳、硫化氢、氧化亚氮、氯气、一氧化氮、甲醛等。自然界中的植物能够吸收多种有毒气体，通过选择不同的植物种类及种植方式，可以在一定程度上控制毒气。

城市中由于日常发电、工业生产、汽车尾气等原因，产生大量的尘埃，如碳粒和铅、汞微粒等，其危害甚至比沙尘暴还要大，PM2.5的颗粒物可直接进入支气管，干扰肺部气体交换，能够引起哮喘、气管或支气管炎、肺炎、硅肺和肺结核等。有着粗糙叶面、长有绒毛并分泌黏液的植物，能够吸附大量的空气尘埃，应该在康复景观中大量应用，从而营造清新的空气环境。

空气中还存在不少细菌、病毒，有些是疾病的病原体。要充分重视植物、水等自然元素的选择。一方面选择能够分泌杀菌素的植物种类，如松树能够分泌杀死白喉、痢疾和结核菌的杀菌素；另一方面要选择能够产生空气负离子的植物及水，一般认为针叶树与动态的水更易产生空气负氧离子。因此，吸收有毒气体、吸滞尘埃、杀菌抑菌的景观能够减少致病因子。

除以上特点外，康复景观还应该考虑引入芳香植物，结合芳香疗法实现整体治疗。

由此可见，通过自然元素的选择与搭配，创造人体舒适的温度、湿度，可以从物理上实现对疾病的控制。

3.2.2 使人愉悦的景观能够促进和调节免疫功能

医学研究证明，机体的神经—内分泌—免疫系统可形成环路，令人赏心悦目的景观可以通过愉悦人的精神，使交感神经兴奋，下丘脑神经原发放率提高，调节内分泌，从而提高免疫功能，以达到促进疾病康复及预防疾病的目标。反之，恐惧、抑郁、焦虑、烦躁、悲伤、紧张等情绪会使丘脑下部脑垂体分泌物质，促使肾上腺皮质产生过多的糖皮质激素，而造成淋巴细胞减少、机体免疫功能下降。

这说明能够使人愉悦的景观具有康复性。康复景观应该满足美学要求，所谓赏心悦目，不仅指良好的视觉景观，还包括能够使精神愉悦的听觉景观、触觉景观、嗅觉景观、味觉景观，以及能够引起联想、通感的一切元素与手段。

3.2.3 安静、舒适的景观能够使机体镇静

镇静有利于身体健康，情绪与人的身体状况关系密切，强烈的情绪变化，会产生心率、呼吸、血管、肠胃的波动，引起代谢与内分泌的改变，导致心因性疾病。

具备柔和颜色、协调搭配、统一形式的景观，有利于人体的镇静。有着优美的景色、清新的空气、宜人的温湿度的景观，能够创造出安静、舒适的环境，使人情绪愉悦、精神振奋，可以达到很好的镇静效果。

3.2.4 可缓解紧张的景观能够调节和改善神经系统功能

脑力、体力劳动会引起过度紧张，这常引发身心疾病。同时，研究表明，没有生命的水、石头等环境要素对人的需求要小于植物，植物对人的需求要小于动物，动物对人的需求要小于陌生人，陌生人对人的需求要小于亲朋好友。对人的需求越多，可能产生紧张的情绪越多。

而景观能够通过对神经系统的调节对此进行改善，这些疾病包括神经官能症、各种溃疡类疾病、自主神经功能失调等。其作用机制如下：根据巴甫洛夫学说的原理，景观能够产生兴奋灶的转移，使大脑皮质出现新的、外来的活动，这可以减弱精神紧张和心理矛盾，使情绪稳定、睡眠改善、食欲增加。因此，康复景观要能够缓解紧张。那些尖锐的形式和强烈的对比容易造成紧张，在康复景观中应适当避免。

3.3 压力缓解理论对自然价值的强调

压力缓解理论由环境心理学家罗杰·沃尔里奇教授于 1983 年提出，也被称为心理进化理论。该理论认为，当人们遇到那些感觉对自己不利、有威胁或者有挑战的事

件或情境时，会产生压力，这种压力将导致消极情绪的产生，生理系统（如心血管、神经系统、内分泌等）的短期变化，以及某些不良行为反应，如逃避或行为失常等。而人们在某些环境中，如中等深度与复杂度、存在视觉焦点、包含植物和水的环境，注意力被吸引到周围环境之中，可以阻断消极的想法，代之以积极的情绪，使低落的认知或行为、失调的生理得到恢复。而这一过程是在人类进化中形成的，不需要再学习。

沃尔里奇教授 1981 年在研究中提到 α 波与心理刺激的相关性，他认为 α 波在人们处于放松的状态下，由于心理刺激比较低，所以呈上升趋势；而在相反的情况下，α 波则会降低。他在研究中指出，观赏具有植被的自然景观时，人们的 α 波比都市景观高。具有植被及水景的自然景观，比都市景观更能缓解人们的哀伤心情。

压力减少理论的研究表明，人在与特定的自然环境类型接触后，会产生所谓的"恢复反应"。这些恢复反应包括减少压力、减少攻击性，以及恢复健康和能量。这些能让人形成恢复反应的地方被称为"恢复性环境"。在这个理论中，沃尔里奇证实，观看自然景观能够缓解大学考试带来的压力。随后一个研究比较了两组外科手术患者的恢复，其中一组患者病房前能看到一棵小树，另一组能看到棕色的砖墙。那些能看到自然景色的患者在手术后抱怨少，恢复快，而且用的止疼药也少。另外还有其他研究表明，看到自然环境能够减少患者对外科手术的紧张和焦虑。

压力缓解理论强调自然元素的重要性，其中的水、植物被认为是具有康复性的元素。这一理论表明，那些看起来具备花园面貌的景观，更加具备康复景观的特征。沃尔里奇解释了情绪与知觉之间的关系，指出当人们面对一系列的环境刺激时，那些与观察者的情绪状态相符合的信息，最容易引起注意。人们越感到压力，越渴望简单的、熟悉的图像和形式；越会对消极的或者含混的图像感到困扰。因此康复景观不适合出现那些使人迷惑的、抽象的、先锋派风格的艺术作品。

但是，沃尔里奇并没有对自然元素进行细致划分，没有指出什么类型的水、植物种类及何种种植方式更加具备康复的性质；而且，也没有将除水、植物之外的其他元素，比如地形、景观小品等包含到研究之内，这使其在对康复景观价值肯定的同时，缺少了更加具体的指导意义。

3.4 注意力恢复理论对景观康复性功能实现途径的启示

1995 年卡普兰夫妇提出注意力恢复理论。卡普兰夫妇认为，在人们完成一项需要心理努力的任务时，要求人们必须集中注意力，避免或者延缓不良情绪的表达，从而抑制分心事件的发生。这种过程能够唤起人们的定向注意。但是如果定向注意维持在较高的强度，或者持续较长的时间，很容易引起注意疲劳，哪怕是在完成一个令人愉快的任务。按照注意力恢复理论，如果消除注意疲劳，要通过一种与完成任务不同的、无意的，只要付出很少努力就能使人集中注意力的方式，使人们将注意指向休息，比如入迷。自然环境被视为一个能够引起人们比较轻松就能转移注意、引发入迷的重要资源。但是需要注意的是，这种恢复性的自然要素，应该是一种既异于日常环境，又能满足人们需求的环境[1]。

同时，针对环境品质，卡普兰提出了偏好模型，指出一个使人偏好的环境较有可能成为恢复性环境。该模型是由 S·卡普兰和 R·卡普兰共同建立的，它将先天与建构的因素结合在一起，认为能够被人类喜欢或者偏好的景观，是那些在本质上适合人类，并能够被人类所使用的环境，是那些能刺激人的信息加工能力且能使人成功加工的环境，是那些能够被人们所理解并有价值意义的环境，是那些不单调、乏味的卷入性环境。由此，该模型提出一个包含四类组成的偏好矩阵：一致性、易识记性、复杂性与神秘性。其中一致性和易识记性使人能够理解环境，而复杂性与神秘性能激发人们探索的动机。由此可见，这一矩阵是"理解"与"探索"的对立。对环境偏好而言，一致性与复杂性达到中等水平即可，而易识记性与神秘性是越多越好，前一组体现的是推理分析，后一组体现的是认知加工[2]。

对于自然环境，卡普兰提倡人类较少干预的荒野景观，这在第 2 章康复景观的特点时有介绍，这里不再赘述。而人造的景观想要达到与荒野相同的效果，需要具备远离（Being Away）、延展性（Extent）、魅力性（Fascination）与兼容性（Compatibility）四方面的特点。

（1）远离，指引起和常规情景不同的心理内容，它是一种概念上的不同的生活形态，可以是身体上离开不想要的环境，也可以是心理意识上的分心。

身体上的远离如远足、旅游，心理上的远离可以是任何使心思脱离现实生活的体验，观察自然、置身花园中是一种具有普遍意义的远离。仅仅从窗户看见美丽的花朵，或者到花园里走一走也可以产生远离感。

根据其他心理学家的研究成果，还可以将远离分成空间上的与时间上的。空间上的远离，指有一定的距离，比如国外的景观更加具有吸引力。时间上的远离，指那些有历史感的，在过去的时间段上出现过的事物，如中世纪的街道、苏州的园林等。卡普兰夫妇对此也有类似的认识，他们认为那些古老的、真实的东西，更加让人向往。

自然环境对于长期居住在城市的人而言，无论在空间上还是时间上都具备远离的品质。从这一特性出发，那些原始的自然景观，具有疗养性质的天然风景最具远离性，

[1]　[美]保罗·贝尔，等.环境心理学[M].朱建军，吴建平，等译.北京：中国人民大学出版社，2009：43-46.
[2]　[美]保罗·贝尔，等.环境心理学[M].朱建军，吴建平，等译.北京：中国人民大学出版社，2009：40-41.

而农业景观、园艺景观次之，人工创造的园林环境再次之。但对于常年居住在自然环境中的人，如风景区的住户、农民等，自然并不具备远离的特点。

（2）延展性，指的是环境拥有充足的内容和结构，能够占据人们大脑足够长的一段时间，以使人能从集中注意力的状态中得到休息。联系与范围是它的两个特性：联系能够将感受到的元素关联起来，这样它们才能成为另一个完整的世界，建立起心理上的地图；而充足的范围，使得这一地图的存在显得有意义。它是一种在时间与空间上的扩展，可以是有形的，也可以是无形的。

（3）魅力性，指的是环境本身充满了吸引力，不需要去努力就能专注，抑制分散注意力，能够帮助恢复直接注意力。魅力性是恢复性体验中的重要因素，能够将人们从负面的环境中吸引过来，而且这种吸引不需要直接的注意力。具有魅力性的环境，可以是事物、内容、事件或者过程本身。自然环境可以提供柔和的魅力性，云、夕阳、风景、微风中树叶的摆动等，这些可读的信息经常以一种不那么具有戏剧性的魅力吸引人们的注意。而有一些事物，魅力性是非常强烈的，如前卫的艺术品，人们除了欣赏这种魅力之外，无暇顾及其他的事情，柔和的魅力性则不然，它能以更加具有交互性的方式与人交流。所以恢复性的环境提倡柔和的魅力性，这有两方面的共识：一是这种无意识注意是一种适度的力量，二是它似乎包含着重要的审美因素在里面。

（4）兼容性，指环境所提供的、引导的或要求的活动内容，与使用者的目标或倾向有很好的契合。环境类型要能满足人们的爱好与行为需求。在人的爱好与自然环境之间仿佛存在一种共鸣。对于兼容性功能的满足，在自然环境中比在人为的环境中，人们需要付出的努力更少，即便人为的环境是人们所熟悉的。人们对自然有几种认识：作为捕食者，如人可以在自然狩猎、打鱼；作为运动者，如人可以远足、划船；作为驯化野生生物者，如可以进行园艺活动、照顾宠物；作为其他动物的观察者，如观察鸟儿、参观动物园；作为生存技能的获得者，如生火、建立庇护设施等。以上这些情境，在人们接触自然之前已经在头脑中有所认知，这使得环境更加具备兼容性。

如果一个环境具备以上四方面的特征，并且时间足够的话，那么人们将会体验到渐进式的恢复过程，这一过程分为四个阶段。第一阶段为"清醒头脑"，能够使大脑中的杂乱思绪逐渐消退；第二阶段为逐步补充定向注意力；第三阶段为使用者在柔和魅力性的环境里，杂念减少，思绪平静，能够开始关注以前被忽略的想法或问题；第四阶段是人们开始进行更高级别的反思，有可能涉及人生观、价值观、世界观，如个人的行为与目标，事件的轻重缓急等内容[1]。

---

[1] 苏谦，辛自强.恢复性环境研究：理论、方法与进展[J].心理科学进展，2010（18）：177-184.

3.5 应激理论对康复景观的补偿性要求

加拿大生理学家塞里提出了应激适应机制学说。他认为当机体受任何一种应激刺激（包括物理性损伤、生理性侵害和精神上的创伤以及情绪上的干扰等）后都会使身体和精神面临过重负担，而此时往往又需迅速做出重大决策来应付这种危机，这便引起机体内部的激素和生物化学的变化。而体内环境的平衡变化和内脏机能变化，导致了应激状态的产生。在应激状态下，通过下丘脑—垂体—肾上腺皮质轴的一系列作用，引起肾上腺皮质激素大量产生，使机体处于充分的动员状态，心率、血压、体温、肌肉紧张度、代谢水平等都发生显著变化，从而增加机体活动力量，以应付紧急情境。应激理论使人们认识到神经内分泌参与了许多疾病的发生与发展，诸如冠心病、高血压、心肌梗死、脑卒中、糖尿病、甲状腺功能亢进、类风湿关节炎、系统性红斑狼疮、哮喘、癌症等。

美国精神病学家和内科学教授则提出了心理应激观点。他认为，人对不同性质的心理应激所产生的生理反应主要分两大类：面临危险、威胁、愤怒、恐惧、焦虑时，主要通过交感—肾上腺髓质系统、垂体—肾上腺皮质系统，脑内上行激动系统活化，引起心血管反应，血压上升、血糖升高。他称之为"或逃或战反应"。而抑郁、悲观、无望感、失助感、孤独感，则主要通过副交感神经活化，垂体—肾上腺皮质系统活化而引起的胃肠道活动亢进、支气管痉挛、免疫力降低等反应，称为"保存—退缩反应"。"或逃或战反应"持续存在是高血压、冠心病、心肌梗死、脑卒中等心脑血管疾病的重要原因。而"保存—退缩反应"持续存在，往往是心脏梗死、溃疡病、癌症、哮喘、类风湿关节炎、皮肤病的原因。

另外，别赫切列夫的反射学理论、坎农—巴德的情绪丘脑学说也都阐述了心理因素与生理因素之间的影响[1]。而现代实践证明，各种心理因素会对机体正常的生理活动产生一定影响，包括情绪、个性心理特征、生活事件等因素，在心身疾病的产生、发展和康复过程中的作用尤为突出。

从心理反应的应激源看，社会变革等事件会对心理产生一定消极影响。中国处在深化改革期和快速发展期，但是同时也是一个矛盾多发期，诸如职工下岗、自费购房、医疗保险制度化等现象，都会对人们心理产生冲击，进而使人们产生焦虑、缺乏安全感，直至导致严重的心理失衡。

生态环境和居住环境的变化也带来了一定的心理问题。生态环境的优劣及变化对人类心理产生直接的影响。高尔（Gall）的调查表明人口密度过大会引发大量焦虑、

---

[1]　http://www.med66.com/new/462a463aa2009/20091031liuhon171053.shtml.

紧张及精神分裂等心理问题。而科恩（S. Cohen）等的研究则表明噪声会对儿童的阅读、听觉、辨别等能力产生很大的影响[1]。

另外，突发事件也是导致心理问题产生的一个很重要的应激源。当诸如地震、火灾、环境灾难、亲友逝世等突发事件发生后，在生理影响之外，心理因素的影响同样表现出范围广、持续时间长的特点，并且可能对社会稳定产生消极影响。比较典型的是切尔诺贝利核电站事件，该事件导致了严重的放射性物质污染。虽然事件发生后，在联合国及苏联各类技术人员的努力下，通过一系列的措施减少了放射性污染的危害结果，但是显著而持久的环境焦虑反应（Environmental Stress Reaction）仍然出现在事故发生地的人群中。事故发生后的一项调查显示，在临近污染区、放射性危害不大的"干净区"，虽然经检测放射性物质对人们的健康不具有明显影响，但是仍然有 30% 的居民将自己身患疾病的原因归咎于放射性照射。

康复景观应该远离使人产生应激反应的应激源，或者对应激源所造成的不良情况予以补偿，这种补偿可能是身体上的，也可能是心理上的。

对于过于拥挤的密度、噪声、空气污染、核辐射等，在康复景观中是应该避免与远离的。康复景观应该避免拥挤，通过空间设计、管理等措施，将使用密度控制在一定范围内，在一定使用率的基础上，保证视觉的相对开敞，实现心理上的低密度；远离或控制噪声，通过选址布局、植物种植、流动的水体、景观小品及其他技术手段，将噪声降到最小，提供相对幽静的环境；种植能够吸附有毒气体、吸滞尘埃、分泌杀菌素及抗辐射元素的植物材料，为使用者提供清新的空气和健康宜人的物质环境。

对于社会变革等事件引发的一系列不稳定因素对心理的冲击，要求康复景观提供稳固的、安定的气氛，以实现对现实生活的心理补偿。那些能使人产生稳固、安定情绪的材料，如浑厚的石材、粗壮的树木等，以及能使人产生稳固与安定情绪的形式，在康复景观中是值得提倡的。

对于恐怖袭击、战争、地震、死亡等突发性应激事件，康复景观也能实现心理补偿的作用，它能对应激事件所造成的伤害进行抚慰，有助人们在灾难后的恢复。这类康复景观包括带有纪念性质的花园，如纽约阿瓦隆公园和保护区、五角大楼"9·11"纪念地、世贸中心纪念林[2]、纪念汶川地震的东河口地震遗址公园等，也包括临终关怀花园，如休斯敦临终关怀花园、台湾悲伤疗愈花园等。同时，园艺疗法也能在应激事件中发挥很大的作用。园艺治疗可以帮助维持关节的灵活度，促进康复，同时使人们学到新的求生技能，方便其在身体变化的情况下找到新的职业；在园艺劳作的过程中，

[1] http://www.med66.com/new/462a463aa2009/20091031liuhon173542.shtml.
[2] 蒙小英. 对话心灵与情感——托弗尔·德莱尼的花园叙事 [J]. 新建筑，2006，2：50-54.

人们能够暂时抛开悲伤，借助与植物及其他人的沟通，放开情绪，增进新话题的交流，并且能从自然界的生长规律中得到信心与启示。

3.6 先天本能与后天习得在康复景观中的综合应用

在心理学知识体系内，对于人们行为动机和动力的研究，曾经分为很多学派。概括而言，人们争论的焦点在于人的知觉在多大程度上来自于自觉（先天）或者学习（经验主义）。在历史上，两种观点曾经截然对立，如以弗洛伊德为代表的心理动力学观点认为，人的行为是从继承来的生物本能产生的，而剥夺状态、生理唤起以及冲突等本能状态，都是行为力量产生的原因。上述紧张状态的基础是潜在的天性或者潜意识的需要在现实中无法实现，因而会导致人们去实现潜意识的要求，尽管人本身可能并不能意识到这种紧张的本质。而行为主义观点则侧重于现行的环境条件，认为在人们行为之前出现的环境是使一个有机体产生反应或者抑制反应的条件。后来，人们越来越意识到，知觉的产生是受两方面综合影响的，于是产生了人文主义观点。根据该观点，人既不是由人们无法选择、无法决定的先天本能力量所驱使，也不是由外在的环境因素所完全操纵，人是具有选择能力的能动性的生物。人本主义观点吸收了文学、历史和艺术研究中的有价值的内容，对心理治疗新方法的产生和发展产生了重大影响[1]。所以，在康复景观设计过程中，一方面我们要注意对先天本能的刺激和利用，另一方面要注意对后天习得的改善与运用。

3.6.1 先天本能——生物偏爱与生物恐惧

在先天本能的刺激与利用上，要注意在环境评估心理变量中的生物偏爱或生物恐惧。1984 年爱德华·威尔逊（Edward Wilson）提出生物偏爱（biophilia）的概念，认为这是人类一种对接触自然的共同需要。这种生物偏爱在本质上与其对立面，即生物恐惧是不可分割的，正是为了避开那些对人类产生威胁的环境和事物，人们也易于学习、了解、认知那些有益于人类的环境[2]。

卡普兰指出，人们会被那些人类能够生存的环境所吸引，这种能够生存包括现在能生存，以及过去、历史上能生存，过去的能生存会通过遗传基因，影响现代人的审美与偏好。人与其他动物一样，都需要水、食物和遮蔽物；不同之处在于人善于并喜欢处理信息。那些包含能使人快速理解的信息的环境，如拥有开阔视野的躲避处，是

---

[1] ［美］理查德·格里格，菲利普·津巴多. 心理学与生活 [M]. 王垒，王苏，等译. 北京：人民邮电出版社，2003：9-10.

[2] ［美］保罗·贝尔，等. 环境心理学 [M]. 朱建军，吴建平，等译. 北京：中国人民大学出版社，2009：36.

受人们偏爱的环境。

在具体的环境类型上，环境心理学家认为自然或者类似自然的环境比较能够引起人们的心理偏爱。从环境心理学看，人类的大脑是在长期的进化过程中，自然选择的产物。以演化为基础的理论比较被学者们接受与认同。该理论认为，健康的恢复受大脑边缘系统的情绪中心的影响，环境导致了这种影响的产生。这里所指的环境首先是类似自然和原始自然；这种影响是潜意识的，在人类进化过程中形成，经过遗传得以继承。由此，那些能保证人基本需求的环境，如能够提供安全感的，或是能提供食物的自然最受欢迎。

很多科学家将非洲热带疏林草原认定为人类的起源地，那些与此相似的景观受到人们的喜爱。热带草原类型的自然，拥有开放的草坪、成丛的树木，或者是森林中的草甸、湖水，所有这些内容意味着传统的关于绿洲和花园的概念。这并不是说干旱的沙漠、大草原、浓密的森林、岩石地形（或者以此为蓝本而建的花园）不具备康复性；但到目前为止，还没有研究支持这样的声明，这是先天本能的反应（图3-3）。

图3-3　疏林草地

沃尔里奇认为开放的、光明的、类似自然界草原的环境使人们能最快地从紧张的状态恢复过来；而黑暗的、悬崖、蛇、血等使人们本能地紧张。他指出，当自然环境中包含危险的成分时，注意力也许会和压力结合在一起；但是面对平静的自然环境也许能产生镇静的、恢复生理机能的效果。

因此，在康复景观设计中，一方面要充分避免容易引发人们潜意识中不满或恐惧的环境，另一方面，要充分激发潜意识中对康复效果有益的因素，从而使人的潜意识动力得到充分发挥，形成良好的知觉效果，推动人们身心向着康复的目标发展。在设计过程中，格式塔心理学的相关知识可以在康复景观中被充分借鉴，其基本特征就是对人的先天因素的充分重视，并在此基础上发展出了接近律、相似率、共同命运率、好的连续率、结束率、区域与对称律等一系列基本定律。

3.6.2 后天习得——控制感与学习

在康复景观设计过程中，也要充分发挥后天习得的作用。可以说，在人类心智成长的过程中，学习有着十分重要的作用。而学习的过程，就是经验积累的过程。从心理学的角度看，在知觉的形成过程中，经验主义至关重要。形象的构成不是由大脑中的先天因素完成的，而是人们将先前的经验融合到感觉之中完成的。霍尔斯（Kholers）认为在知觉的过程中，经验和记忆具有不可替代的重要意义，知觉的机制可以从记忆中得到馈给[1]。的确，人们会在一个环境中接受各种纷繁复杂的信息，但是由于心理资源的有限性，人们在对这些信息加工时，不可能也没有精力不加取舍地对每一个信息进行处理，因此加工的过程是具有选择性的，人们会把一些信息过滤掉，只让对人们有意义或者有价值的信息进入加工过程。

一般而言，人们会根据自己的目标或信息的性质进行选择。而在此过程中，经验主义会起到十分重要的作用。同时，在对信息进行加工形成认知地图的过程中，人们会根据自己以往的经验或者记忆对环境信息进行加工，形成自己对环境的认知。因此，我们在设计康复性景观时，必须要充分利用后天学习的功能。

在对后天学习的激发与利用过程中，一方面，康复景观的设计要注意削弱造成人们心理焦虑的习得性无助；另一方面，要通过有意或无意的学习推动，让使用者能够形成良好的习惯，从而达到康复的效果。

"习得性无助"是一种后天养成的消极心理，是人在最初的某个情境中由于控制感的丧失而获得一种无助感，并且不能从这种感觉中摆脱出来，从而将无助感扩散到生活中的各个领域。可以说，现代社会中这种习得性无助对人们心理的影响是很大的，自然灾害、工作压力、生活困境、长期疾病都会导致习得性无助，它会导致自卑、焦虑，形成低成就动机、低自我概念、消极定势、低自我效能感等心理状态。

因此，在康复景观设计过程中，要注意对具有习得性无助因素的削弱。一方面使

---

[1] 李道增.环境行为学概论[M].北京：清华大学出版社，1999：3.

人们的注意力从造成无助感的应激源中转移出来，或者将压抑的情绪宣泄出来，从而削弱无助感；另一方面，可以通过增强人们控制感的设计，使人们对自己的控制能力和控制感增强，从而增加信心，削弱无助感。

控制感的创造，是被环境心理学家提出的，并推广到康复景观的设计领域。控制感的基础可以包括，能够轻松地找到去和回的路；无论步行的人、拄拐杖的人、坐轮椅的人，还是静脉注射的人，都能够方便使用的设施等。另外对于康复景观而言，能够提供控制感的重要因素是具有选择权。康复景观可以在以下方面为使用者提供选择：多样的散步道，不同排布方式的座椅（单独坐或者成组坐），坐时的不同体验（远、中、近景的不同视野），不同的小气候环境（阳光、半遮阴、浓阴），不同性质的室外空间（自助餐厅外的露台、散步道、冥想花园等）。形式上的熟悉感、秩序性在康复景观中十分重要，它们与选择权一起，能够提升人们对环境的控制感。

与此同时，我们可以通过推动使用者有意或无意的学习过程，促使使用者形成良好的习惯，从而达到康复的效果。这种学习的过程与心理认知形成中的"适应"是非常契合的。在人的意识发展过程中，会因为环境的变化，引发一系列复杂的适应，而每一次适应的发生都会将某种程度的不平衡引向更加平衡的状态。在适应的过程中，环境因素与人们的感知结构会发生互相补充的循环运动，即人在自己的感知结构中同化了环境的某些特征，以及人们结合环境的某些特征调解自己的感知结构[1]。因此，在康复景观设计过程中，要注意通过环境因素的运用，使学习过程得到加强，给予使用者一种强化的刺激，从而增强满意度，形成一种良性的心理加强，起到心理康复的效果。在康复景观中，可以创造一些学习型的场所、设施、景观小品等，注重对使用者的启发，以某种可学习的形式呈现出来，如挂牌子的植物、讲述历史的浮雕、可运动的器械、五禽戏的小品雕塑等，用以激发人们运动的热情。

---

[1] ［英］D·肯特，建筑心理学入门 [M]. 谢立新，译. 北京：中国建筑工业出版社，1988：66.

4 康复景观中的要素、规律与时空性

由上文可知，康复景观应该具备使人愉悦、安静、舒适，能够缓解紧张，避免噪声、空气污染等环境品质；应该具备一致性、易识记性、复杂性与神秘性，远离、延展、魅力、相容等特征。同时应该满足不同使用者的需求。在对康复景观中形态要素、感官要素、物质要素及其组织规律，以及空间与时间性的选择上，应该以此为标准，创造出具有康复意味的景观环境。

医学界普遍认为，心理学家鲁道夫·阿恩海姆提出的"异质同构对应"理论能够说明感知环境疗法的作用机制。"异质同构对应"理论以格式塔心理学理论为基础，认为有一种对应关系存在于外部环境的形式、人的视知觉和情感，及视觉艺术形式之间，如果这些不同领域的"力"达到结构上的一致性，便可能产生审美经验，如人们可以在环境中感受到"活力""生命""运动""平衡"等[1]。

4.1 符合康复景观品质要求的形态要素

4.1.1 形状

形状指面或者体的轮廓线。在康复景观中，人们所能感受到的形状可能出现在围合的空间、墙面的开洞、建筑的立面、植物的整体及局部姿态、地面铺装、景观小品、标识等之中。

不同的形状能够引起不同的心理感受。一些基本形的特点可以总结如下：圆形具有集中、内向的特点，圆形的环境通常是稳定的、有凝聚力的；三角形相对于圆形，显得更具动态与变化感，不过当立面的三角形以三角形的边为底时，三角形也是相当稳定的，但以三角形的顶点为支撑时，具有不稳定的平衡感或者倾斜感，适合活跃多变的气氛；正方形没有主导方向，是静态、中性的，代表着纯粹与理性，使人产生平稳踏实的印象；长方形可以看作正方形的变形，长宽对比大的长方形可以产生速度感，能够创造进步、蓬勃发展的气氛。

基本形移动或者旋转可以产生体，球体、圆柱体由圆形演变而来，圆锥、棱锥由三角形演变而来，立方体、长方体由正方形演变而来。

---

[1] 赵美娟，苏元福. 审美医学基础 [M]. 北京：高等教育出版社，2004.

以上基本形和体可能直接出现在实际的环境之中，或者相互组合，或者适当变形。对基本形与体的认识，能够帮助风景园林工作者在进行康复景观规划设计时选择合适的形式语言，创造具有康复性的空间环境。

同时作为以自然为主要特征的康复景观，存在很多不规则的形状。自然界中的水体、山石、植物往往以复杂多变的形状出现，它们的形式往往不能像基本形那样被人们明确感知，但也因此而产生与室内环境不同的生机感。

格式塔心理学指出，大脑会对视觉环境进行简化以理解环境信息，所以一个形状越简单、越规则，就越容易被感知和理解。这提醒我们，在康复景观中，不应出现没有缘由的过分复杂的形状，而应以明确、简洁为标准。在康复景观中，应该有较为明确的形状感，以减少对环境信息加工的困难，使人较为快捷地把握住整体环境的特征。与此同时，合理搭配自然元素中的不规则形，弥补基本形可能造成的单调与乏味。

值得注意的是，使用康复景观的人中，有些存在心理障碍及认知障碍，对于抽象的形状可能产生异于常人的心理感应，需要谨慎对待。如树干的疤痕可能引发精神分裂症患者莫名的恐惧，有着特殊形状的前卫艺术雕塑可能不被理解甚至引发不良的心理反应。

4.1.2 色彩

色彩是吸引视觉的重要因素，比形状能产生更直接、强烈的影响，所以有"七分颜色三分形"的说法。就康复景观而言，环境的色彩可能由植物、建（构）筑物、道路铺装、景观小品、室外设施等构成。植物、周边建（构）筑物、道路铺装等因其面积大，能够左右色彩环境的基调，可能以整体背景的形式出现，应该以使人愉悦、安静、舒适等为原则；而景观小品与室外设施则作为点或者前景，可以以平衡、活跃性的色彩而存在。其中，植物年龄与季节变化会产生不同的色彩效果，是室外环境中最为独特的色彩元素。

1. 色彩与生理

美国色彩学家吉伯尔指出，色彩作为复杂的艺术手段，对疾病有一定的治疗效果。这一作用机制是每种色彩对应特定的电磁波长，通过视觉神经传输至大脑，促进某些激素的分泌，从而影响人的生理。

根据李树华先生在《园艺疗法概论》中的色彩功效表可知：

蓝色，能够减缓心率，使人感到优雅宁静，对肝炎、关节炎及高烧病人有较好疗效，对喉咙、肺及消化系统也有好处；在心理上，可以使人放松、平静。靛蓝色可以调和肌肉，有利减少出血，同时具有镇痛作用，能减轻身体对疼痛的敏感度[1]。

---

[1] 郭会丁.园林景观色彩设计初探[D].北京：北京林业大学，2005：6.

紫色，能对孕妇起到安慰的作用。

绿色，可降低皮肤温度，减缓脉搏跳动的速度及血流速度，减轻心脏负担，使呼吸平稳均匀，缓解视觉疲劳，有助于消化，可产生镇静作用，有利于有多动症倾向的人及身心压抑者的恢复；绿色有生长的特点，代表着繁荣与年轻，能够引发积极的心理联想，可以大量在临终关怀花园中应用。

黄色，对肝、胰、胃等器官有益，能够促进血液循环及唾液腺的分泌；有利于注意力的集中，并产生满足感。金黄色能够刺激神经及消化系统，增强逻辑思维。黄色是明度较高的颜色，容易形成明快的场景。

琥珀色，减少肾上腺素的分泌，使人肌肉放松，平息愤怒的情绪，是精神病人理想的环境色。

白色，可以促进高血压患者的血压下降。

红色，可以刺激和兴奋神经，促进肾上腺素的分泌，提高血液循环，增进人的食欲；但不太适合患有抑郁症或情绪沮丧的人。

橙色，对子宫、大肠等有益，可缓解贫血、支气管炎及便秘的症状；在心理上代表乐观主义，能够消除抑郁沉闷的情绪，使人产生活力；但长期在橙色环境中容易使人疲倦、烦躁。

赭石色，能够促进食欲，激发忧郁症患者的欲望及活动意志。

粉红色，有利于低血压的升高。

棕色，促进细胞生长，加快手术病人的康复。

赤赭色，促进高血压患者的康复。

2. 色彩与心理

色彩能够产生冷暖的感觉。从色相来说，黄至红色明显具有暖和感，红橙为最暖；蓝绿至蓝紫明显具有寒冷感，蓝色为最冷色。从饱和度来说，饱和度越低越冷，越高越暖。有研究显示，老年人青睐于暖色，以平衡其孤独的心理，所以在主要为老年人服务的康复景观中，应该适当加大对暖色的使用[1]。

色彩能够产生远近与大小的感觉。一般而言，暖色使人产生前进及膨胀感，使人心跳加快，血压升高，肌肉紧张，易使人兴奋、自信；冷色具有后退与收缩感，使人心跳减缓、血压下降、肌肉放松，能使人镇静、消极。也有研究认为膨胀和收缩感与明度有关，色相并不具有决定性。当环境面积有限，但又想创造较为开阔的空间效果时，应该选择冷色元素限定空间，这样可以使相同面积的用地显得比实际大一些；反之，选择暖色。在康复景观中，以追求镇静为目的时，应该以冷色系为基调，同时点缀少

[1] 张运吉，朴永吉 . 关于老年人青睐的绿地空间色彩配置的研究 [J]. 中国园林，2009，163（25）：78-81.

量暖色，以增加环境的活力与趣味性。

色彩能够产生轻重的感觉。明度高的色彩感觉较轻，而明度低的则较重；饱和度高的色彩感觉轻，而低的感觉重。在进行康复景观的设计时，一般以追求稳重感为主，所以应该将感觉轻的色彩安排在上部，而重的色彩放置在下部，这能使人有安全感。

色彩还能与密度、声音产生联系。青绿等冷色被认为是薄的色彩，密度较小，有湿润和透明感；红橙等暖色被认为是稠的色彩，密度较大，有干燥和不透明感。鲜艳的色彩使人联想到尖锐的声音，灰暗的色彩则对应低沉的音调。在拥挤的环境中，康复景观应该尽量选择密度小的色彩；而在空旷的景观中，可以适当增加密度大的色彩的用量。在康复景观中，不希望出现过度尖锐或者低沉的声音联想，所以要避免过于鲜艳或灰暗的色彩使用。

此外，色彩也与形状、角度等有关系。色彩学家约翰内斯·伊藤（Johannes Itten）指出，三原色的红、黄、蓝分别对应正方形、三角形和圆形，三间色橙、绿、紫分别对应梯形、六边形与二十面体，以及椭圆形（图4-1）。当这些颜色以它所对应的形状表现时，色彩的特征能得到最显著的发挥。色彩学家康定斯基认为，冷色对应钝角，暖色对应锐角，并具体指出，红色与直角相联系，橙色与60°角相联系，黄色与80°角、蓝色与190°角、紫色与120°角等相联系。

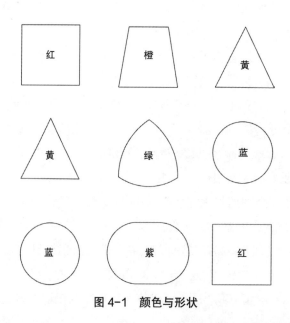

图4-1　颜色与形状

值得指出的是，色彩的以上特性具有相对性，应该视其周围的环境而定。如同一种色彩，在不同的背景下，有可能会有不同的冷暖、远近等感受。将补色并置，可以形成强烈的对比，并加强相互的固有特性。同时，色彩还存在视觉恒常、视觉补偿等现象。色彩的这些特点应该在康复景观中得到充分认识与妥善应用。

4.1.3 尺度

尺度指整体或局部的构建与人或者人所熟悉的元素（如门、台阶、栏杆等）之间的比例关系，以及这种关系带给人的感受。尺度包含具体的尺寸，以及这种尺寸与人们经验元素的比例感受两方面的内容。

尺度能引发庄严、宏大、尊贵、朴素、低调、亲切等多种心理感受。纪念性的尺度常是庄严高大的，会使人感到自身的渺小；而亲切的尺度使人感到舒适、有控制感，是大量康复景观所需要的尺度。此外，康复景观还追求安静、愉悦、朴素的效果，尺度应该以此为目标与标准。在康复景观中，围合空间的成排树木、绿篱、栏杆、台阶、窗、围墙，以及道路、铺装等都反映着尺度。

人们在社会交往中形成有规律的心理距离尺度。爱德华·霍尔提出了四种距离：亲密距离，一般是亲人之间的距离，约是从 0 ~ 45 厘米；个体距离，一般是亲朋好友之间的距离，最近约 45 ~ 75 厘米，最远约 75 ~ 120 厘米。在康复景观中，一般探访者与病人之间的交流，需要考虑亲密距离与个体距离，如座椅的排布，较为私密的小型场地的设置等。社交距离，可以发生在比较陌生的人之间，如工作、商务、社交等活动中，一般最近约 120 ~ 250 厘米，最远约 215 ~ 370 厘米。康复景观中展开的心理辅导、居丧服务等活动可以在这一距离进行。公众距离指社会活动发生的距离，一般最近约 370 ~ 760 厘米，最远是 760 厘米以上。在康复景观中，那些公共聚会、集体舞蹈、太极拳等活动的场地，可考虑这一距离。

此外，距离受视觉生理的影响，产生出室外距离的尺度规律：人与人之间的交流，在 3 米之内能看清肢体语言及表情，所以 3 米是舒适距离；能够看清脸的视觉界限为 14 米，能够辨认出是谁的视觉界限为 24 米，所以 14 ~ 24 米是较为亲切的距离。在进行康复景观的场地设计时，小型私密空间的尺度参考"看清肢体语言、表情及脸"的视觉界限；亲切社交空间的尺度参考"辨认出是谁"的视觉界限。此外，一般城市广场边长会控制在 140 米以内，能够辨认出是人的距离界限是 1200 米。这些数据，可以作为康复景观与城市或周围自然环境通过视线相联系的数据参考。

从视野的角度来看，在水平面内，双眼的视区大约在 60° 左右，对颜色的辨认，视线角度约为 30° ~ 60°，单眼的视线角度的界限是标准视线左右 94° ~ 104°。在垂直面内，最大视野为视平线上 50° 和视平线下 70°，对颜色的辨认为视平线上 30° 至视平线下 40°；一般人的自然视线比标准视线要低，站立时视线低 10° 左右，坐着时低 15° 左右，在放松状态下，站着和坐着时自然视线偏离标准视线约 30° 和 38°。研究表明，最佳视区位于标准视线以下 30° 的范围内 [1]。在康复景观的设计中，从建筑开窗到室外景观小品的设置，都要充分考虑坐在轮椅上及躺在床上的人的视线范围，使最美的景观位于人们的最佳视野范围之内。

4.1.4 质感与肌理

质感与肌理有着相近的含义，指某物的材料、质量、组织纹理等给人的感受。

质感与肌理通过对气态、液态与固态的物体进行触觉与视觉感知而获得。触觉可获得软与硬、光滑与粗糙的质感与肌理体验；视觉可获得触觉达不到，却对心理产生影响的质感与肌理印象，如站在海滨看广阔的海面、站在山腰观浩瀚的云海，都能获得特殊的质感与肌理的图景（图 4-2）。有时触觉与视觉这两者交织在一起，共同影响人们对质感与肌理的判断。

图 4-2　自然中的质感与肌理

在康复景观中，质感与肌理有自然的，也有人工创造的。自然界的云、水、山石、花木等展示出自然的特质，而砖、玻璃、混凝土等是人工创造的。

---

[1]　百度文库 .http://wenku.baidu.com/view/d806587a168884868762d626.html.2012.3.20.

不同的质感与肌理给人不同的心理感受。自然的质感与肌理充满生机，并不断变化。大理石有着华贵、高雅的意味，木材与布纹相对要亲切、质朴许多。平滑无光且反射率低，给人含蓄、安静、朴实的印象，这在康复景观中值得大力提倡；粗糙无光的表面，给人生动、稳重及悠远的感觉，也可以大量运用；细腻光亮且反射率高，给人轻快、活泼却冰冷的感觉，在康复景观中可作为点缀适当运用；粗糙有光的表面，因其反射点多，可能造成杂乱、沉重之感，在康复景观中应该避免。

4.2　符合康复景观品质要求的感官要素

4.2.1　光线

在康复医学的器械疗法中，专门提到光疗法，指应用人工光源或日光辐射治疗疾病的方法[1]。红外光可以产生温热效应，可以改善血液循环、促进水肿吸收、有助炎症消散，并有镇痛、解痉的作用；蓝紫光易于排泄无毒胆绿素，可降低胆红素浓度，可治疗新生儿高胆红素血症，即黄疸，蓝紫光透过玻璃也可获得；紫外光可杀菌、消炎、增加免疫力，有镇痛、脱敏、加速组织再生的作用，可以促进生成维生素 D，防治佝偻病和软骨病。

从环境心理学的知识可知，明亮的环境是人们偏爱的，多令人开朗、愉悦，黑暗的环境是人们恐惧的，而暗淡的环境容易使人压抑。

在康复景观的规划设计中，在充分认识光线的上述作用的基础上，应该通过植物、建（构）筑物等，创造不同光照条件的逗留及通行空间，提供全天可照射阳光、半遮阴、全阴等多种光线环境。

同时，在康复景观中，由于有些人视觉调节光的能力比较脆弱，还需要特别注意因光线变化而产生的视觉上的亮适应与暗适应，以保证使用者的安全与舒适。人的视网膜存在两种感光细胞，一种是分布在眼睛中部，在光亮时感知事物形和色的锥体细胞；一种是分布在眼睛边缘，在微光环境下感知事物的黑白，而不能辨别色彩与细节的杆体细胞。光线充足时，主要由锥体细胞参与视觉，为中央视觉；而光线微弱时，主要由杆体细胞参与视觉，为边缘视觉。这两种视觉转换时，出现亮适应与暗适应。从光线微弱的暗环境进入光线充足的亮环境所产生的视觉适应，叫作亮适应；反之，称为暗适应。研究证明，正常人亮适应大约需要 0.2 秒以上，而暗适应需要在 2 分钟以上，即亮适应比暗适应要快得多。红光的感知主要由杆体细胞参与，所以红光受暗适应的影响最小，这也是为什么汽车、飞机等交通工具上的仪表盘都是红色底灯。康复景观

---

[1]　南登昆.康复医学 [M].北京：人民卫生出版社，2008：119-122.

的使用者中很多对光十分敏感，应该尽量增加过渡空间，避免强烈的亮适应与暗适应，如在建筑出入口处增建攀缘植物的廊架等；如果暗适应不可避免，选择红光照明，如红光为主色的地灯等，以保证人们的使用安全与视觉舒适。

4.2.2 声音

一定频率的声波经人的听觉器官的接收，可引起人的听觉。一个健全的人通过听觉获取的外部信息约占所有获得信息的 10% 左右，虽然其所占比重不高，但意义重大。首先，它可以辅助表达环境的特质，烘托环境气氛，使环境显得更加生动。声音作为信息的载体，可以使人们对事物有更加完整、生动的认知，如人们看到树叶摇动，会知道有风的存在，如果再能听到树叶的沙沙声，这种印象就会更加深刻。其次，某些特定的声音可以作为引导元素，唤起人们对特定时期、特定地点的记忆与联想。第三，声音对于视觉障碍者是重要的信息来源；对于晚期病人，尤其是那些只能卧床的病人，是最快捷接触自然的渠道，并且，人在死亡的过程中，最后消失的感官能力是听力，所以声音对临终关怀花园显得格外重要。

自然界有很多受人欢迎的声音，它们可以作为刺激物分散或集中注意力，可以使人放松，是一种积极的环境刺激。在康复景观中，要充分挖掘自然界的声音，将其展现在使用者面前。自然界中的水声、叶子的沙沙声、鸟鸣、虫鸣、蛙声等都是很好的声音资源。康复景观应该设计或充分利用已存在的瀑布、溪流、跌水、喷泉，以及雨水等产生水流、水滴声音的景观；种植能产生声响的植物，如竹林；设置喂鸟器、喂鸟池，种植产生红果的植物以招引鸟儿进食；种植多样的草坪地被植物，为蟋蟀、蛐蛐等昆虫提供生境；设置池塘，可为青蛙提供生存环境。还可以创造风洞墙、风铃等，增加风的声音效果。同时，人们发现特殊的音乐可以与人体内的生理活动相契合，产生很好的疗效。如果将自然界的声音与音乐结合，将起到很好的康复作用。

需要指出的是，以上提及的声音并非适合所有的病患，在进行康复景观的规划设计时，需要根据使用者的具体情况进行选择。

另外，在医疗机构中，还存在一些使人产生不良情绪的声音，这些声音一般需要掩盖、隔离，比如医疗器械的声音、患者疼痛的叫喊声、失去亲人的痛哭声等。在康复景观中，可以引入合理的音响设备，通过播放音乐实现混声效果，来掩盖不良声音；也可以通过物质要素的不同形态或组织方式，来中和这些不悦的声音，如设计风铃、瀑布、落水等。

4.2.3 触感

触感是物体作用于皮肤表面而产生的感觉，包括温度、粗糙及软硬程度等，是人与景观近距离接触的结果，真实而直接。康复景观中对触感的挖掘，始于对视觉障碍者的考虑，它是视觉障碍者感知外界的重要信息来源；对触感的关注，也使得康复景观本身更加注重细节、质感肌理的丰富。

不同的触感引发不同的心理感受，如木材比金属、混凝土要更加温暖、柔和；石材的感觉坚硬可靠；水的感觉温柔灵动。植物的不同部位，干、茎、叶、花、果，以及不同植物之间，有着丰富的触感，让人感觉到生机。

康复景观中的触感一方面来自功能性使用的座椅、墙、扶手、道路铺装等，另一方面来自有意创造的供触觉欣赏的景观，如质感丰富的植物、石材等。有时这两者是结合在一起出现的，在满足功能的同时具有可触摸的美感，如由多种石材构成的挡土墙。

4.2.4　气味

气味与声音一样，能够增加体验环境的维度，使人们对环境的印象更加丰富。

不同的气味能引发不同的心理感应，适合不同类型的康复景观。将那些能引发人们相似情绪反应的植物搭配种植，可以使气味的效果发挥到最佳。百合、水仙、橘子、柠檬等的花香能使人兴奋、活跃，适合激发人们的活动参与意识，可以种植在公共集会活动的场地周边；油松、侧柏、檀香木、丁香、薰衣草等产生的气味能使人冷静、沉着，可以种植在冥想花园；鼠尾草、天竺葵可以使人放松、安详，适合种植在安静休息区周边；水仙与莲花使人温情脉脉，可以种植在病人与其亲友经常使用的空间；紫罗兰、玫瑰和薰衣草使人爽朗愉快、心旷神怡，可以广泛种植于供员工使用的场地周边、中心绿地及庭院等区域。

香樟、七里香、天竺葵、薰衣草、夜来香、驱蚊草、艾草等能够散发独特的气味，有驱蚊虫之效，可以有效防止疾病的传染，适合在康复景观中推广种植。

另外,对于那些产生过浓气味的植物,如暴马丁香、珍珠梅、夜来香等应该慎重使用,以防止产生头晕等不适症状；但对于医院的污水及垃圾收集站的隔离，这些气味浓烈的植物却能有效掩盖使人不悦的药水味道及臭味，可以在其周边种植。

以气味为设计出发点，可以创造出富有特色的园林景观。如西安世界园艺博览会创意园展区加拿大多伦多大学的芳香花园，种植松树、迷迭香、百里香；设置可添加香水的芳香柱，芳香柱上的小球在风力的带动下，将香味散到四周（图4-3）。这为供康复疗养的专类芳香园的建设提供了很好的参考。

图4-3　芳香花园

4.2.5 味道

味道指人的味觉所产生的感觉，如酸、甜、苦、辣，一般通过品尝可获得，多与植物有关。味道与情绪之间存在有趣的相互关系。咸味可以稳定情绪，抑制冲动；甜味能使人欢快高兴；酸味使人收敛，但过多使人感到压抑；苦涩使人不悦。反过来，情绪会影响人的味蕾，左右人们对味道的判断。人在压抑时对甜味、苦味、酸味更加敏感；人在焦虑时会减弱对苦味、咸味的鉴别能力。

康复景观在规划设计时应该充分考虑味道与情绪之间的相互作用，有选择性地种植植物，以诱发人们不同的情绪反应。味道的特性在康复景观中可以结合园艺疗法、果实采摘等得以实现。

另外，味道也可以由视觉引发。人类在进化过程中，因经验而形成对事物、色彩的印象，一看到就能联想到味道，如"望梅止渴"。在色彩方面，有研究认为，纯红色、暗黄色对应酸味，浊红色有霉味与腥味，暗橙、暗蓝紫色有焦味，纯绿色有草香味，蓝绿色带果香，清蓝色有药味等。

4.3 符合康复景观品质要求的物质要素

康复景观的物质要素包括自然要素，如植物、水等。这些自然元素具有物态性、时空性与通感性，无论对于大脑皮质还是心理状态都能起到良好的调节作用[1]。组成康复景观的物质要素还包括人工要素，如道路铺装、地形、建筑与构筑、室外设施、园林小品等。这些人工要素满足很多人们对康复景观使用功能的要求。

4.3.1 植物

植物是康复景观中非常重要的物质元素，它使得环境更加贴近自然，具备康复性。沃尔里奇引用了大量论据以支持一个观点——观看自然，哪怕只有短短几分钟，也会对缓解压力起到重要的作用。然而，"自然"是一个宽泛的术语，所有研究对自然的定义中都提到，绿色占主导地位，大树、灌木、草，或者开放的花朵都属于绿色范畴。

同时，植物具有丰富的姿态、变化的色彩、不同的尺度、多样的质感与肌理，可以提供视觉、听觉、触觉、嗅觉、味觉的多维体验（图4-4、图4-5）。

---

[1] 张荣健，许亚军. 景观疗养因子的医疗保健价值及其应用 [J]. 中国疗养医学，2001，10（01）：37-38.

图 4-4 植物的各种姿态

图 4-5 植物的各种色彩

1. 康复景观中植物的功能

第一，控制疾病的发生，杀菌抑菌，吸附有毒气体，滞尘，防噪声。从疾病的源头控制其发生的可能。

第二，促进疾病的恢复，创造宜人的小气候环境，影响人的生理功能。植物能够改变空气的温度与湿度，在炎热的夏季提供阴凉，在干燥的春秋季提高空气湿度，还能提供不同光照度的遮阴空间，这为身体较为脆弱的人们，尤其对于温、湿度敏感的病人提供舒适的体感。此外，如树叶的沙沙声能产生催眠效果。

第三，植物是围合空间的要素之一，不同高度与孔隙度的植物可以通过围合、覆盖、隔离等方法，实现对空间的创造。尤其在高层建筑占统治地位的医院中，植物的花边及绿色天篷可以进行室外空间的二次划分，使得环境更加符合人体尺度，显得亲切、宜人。植物对空间的塑造往往是柔性的，人们感觉不到突兀的变化，空间的过渡转变自然。

第四，产生有益康复的心理效应。有着美感以及特殊感官特点的植物，尤其是园艺疗法中的植物，能吸引人的注意力，使人们从关注自身的状态转移到关注外部世界中来。植物的生命过程及季相变化有着生命的暗示，能使人从中得到启发。

2. 康复景观中植物的选择与种植要点

第一，充分重视高大、长寿的乔木的种植。它们可以孤植或群植为场所中的主要景观，能够提供的视觉愉悦、阴凉，创造有覆盖的空间；还可以成为鸟儿和松鼠的居所。对大多数人来说，高大、长寿的树木能够引发持久的感觉。

第二，实现乔、灌、草、藤本、竹类等植物的多样化选择与相对密集的种植。植物种类的多样，可以创造丰富的感官体验，尤其开花植物的选择，可以为康复景观提供色彩。实地调研中还发现，适当的密集可以避免信息简单化，比稀疏的植物更能吸引视觉注意，使人们有继续欣赏的意愿。因此，在种植时要有适当的浓密性，避免稀疏。

第三，在多样化的同时，要注意遵循秩序，避免混乱。一个身体不健康或者有压力的人在使用康复景观时，会喜欢多样的视觉吸引，但排斥在很小的空间里出现太多种类与杂乱的搭配。单一的植物会引起乏味，而不是压力的缓解；但太多的种类与无章法的搭配，又会引起混乱。这两者都是要避免的。

第四，选择具有特殊含义的植物，如能够产生神圣感，或者引发符合所服务对象文化与年龄特征的有意义联想的植物种类。在中国文化中，植物经常被赋予各种象征意义，有些与健康相关的，或者有着积极暗示作用的植物种类值得在康复景观中得到充分利用。如桃树在民间有福寿树的意义，椿树被视为长寿、吉祥的象征等。

第五，选择能提供多种有益康复的感官刺激的植物。考虑有治疗作用的芳香植物的种类，并创造地形，考虑风向，使其发挥芳香疗法的作用。选择有丰富触感的植物，并将对比种类搭配种植，以增强彼此的质感体验。选择即使在微风中叶子也容易摆动的植物，会形成颜色、阴影的变化，还可有沙沙的声响，这样的效果有助催眠。

第六，选择能够吸引鸟儿、蝴蝶等人们喜爱的小动物的植物，同时种植驱蚊虫等病毒传播媒介的植物。植物所吸引来的蝴蝶引起人们的注意，使人不由地联想到生命的短暂与珍贵。成年的树可以为鸟儿和松鼠提供生境，特殊的花儿和灌木能吸引蜂鸟。

第七，选择本土的植物种类及考虑后期维护。使用本土的植物与生态原则相符，有助于地域性特征的体现；选择植物时，需要考虑后期维护的方式及费用，这有助于植物的健康成长。在康复景观中，植物的病态与死亡，会引发观看者消极的心理反应。

最后，要避免有毒及其他可能引发过敏等不良反应的植物。尤其对于儿童及老年痴呆症患者，可能存在将植物放入口中的危险。有些植物，如杨柳、柔荑花序春天时会飘絮，引起过敏反应，有些蜜源植物会招来蚊虫等，这是需要避免的。

此外，在疗养景观中，要充分利用周边环境中的绿化植被，挖掘其季相景观的特点，在不干扰当地生态平衡的前提下，适当完善行道树，增植对身体有益的植物，同时保持原有植被与后种植植物之间的协调关系。

4.3.2　水

人们总结出的有益康复的自然，除植物外，最多提到的就是水，湖、池、溪、喷泉等都是人们所钟爱的康复景观中的水要素。北方相对干旱的城市，水景是否适合大量应用曾经引起过业内专家的讨论。事实上，在资金与环境允许的情况下，康复景观最好有水景，因为水具有不可估量的康复疗效。要确保后期的维护管理，使其能够确实起到疗愈的作用。在调研的医院中，有些存在较大面积的水面，但由于疏于管理，导致水质很差，甚至产生难闻的气味，这非但起不到康复的作用，反而会引发人们的不良情绪。

不同类型的水景有着不同的康复功能。

第一，安静、冥想的景观引导元素。水景，尤其是平静的水池，适合烘托安静休息与冥想的气氛（图4-6）。

图4-6　静态的水

第二，增加空气负氧离子含量，调节空气温度、湿度，创造有舒适体感的小气候环境。流动的水、瀑布、溪流、喷泉等周边的空气负氧离子含量丰富，有益康复。

水的蒸发能够降低温度，改善湿度，这对处于炎热的夏季，及纬度较低地区的康复景观十分重要（图 4-7、图 4-8）。

图 4-7　动态的水

图 4-8　北京三〇二医院的水景

第三，吸引小动物。水池可以养殖金鱼、野鸭、鸳鸯等小动物，还可能引来鸟儿喝水、洗澡。这会使得康复景观充满生命的迹象。

第四，提供有益康复的感官体验。平静的水池、倾泻的瀑布、奔腾的溪流、活泼的喷泉、飞溅的水花，以及北方冬季结冰的水面，可以创造丰富的视觉、听觉甚至触觉与味觉的体验。这对于那些处于压力与沮丧中的人们来说，有抚慰的效果。

需要注意的是，如果水景附近有空调或循环泵，要确保它们是隔声的，或者声音是经过处理的，这样就不会破坏静态水所塑造的安宁景象，以及动态水所创造的美妙的听觉体验。同时，北方冬季要对水池等设施做适当的季相考虑，避免显得格外荒凉、萧条，引发使用者的不良情绪。

此外，有些疗养景观利用水资源展开，如温矿泉疗养景观、海滨疗养景观、喷泉疗养景观等，其作用及设计要点在第 7 章展开介绍。

4.3.3　道路铺装

道路铺装需要满足人们交通出行、散步、健身等活动的需要，同时通过形式、材料、尺度的控制，实现舒适的使用。

1. 道路

道路应该首先满足人们问诊、检查等必要性活动的需要，避免流线混乱。一般城区医疗机构的车行与人行出入口会分开设置；同时，人流、物流也要分开，避免前来就医的人员及工作人员的流线，与医院进出货物如医疗设备、医疗垃圾等的流线相交叉。医疗机构中，院区的出入口、门诊楼、医技楼、住院楼等有时分开设置，人们就医需要途经室外空间，往来于这些构筑物或建筑之间，这样的道路应该以便捷通达为设计原则，其他园林要素为此服务，保证人们就医与工作人员工作的高效。疗养景观中的道路规划在下文有详细论述，这里不再赘述。

除以上必要的交通外，康复景观中应该存在供人们锻炼的散步道。它可以使人得到安慰，尤其对于那些久坐或处于手术后恢复中的人来说，无论身体还是心理上都能受益。如果空间允许，应该提供两种散步道：一条活泼的小径，一条冥想的步道。第一种要求是清晰的、环形的路线，具备光滑的表面、足够的宽度，以及可以休息的地方，要有变化的视野、多样的光照环境等，是很好的锻炼身体的散步道；第二种散步道和第一种有相似的景观特点，但往往更窄一些，路线也更加迂回曲折，追求一种神秘与探索的体验，它往往可以引发心理上的感应。道路的线性影响人们的情绪：①曲线的道路，自由流畅，接近自然；②直线折线形的道路，秩序性强，使人有控制感；③不规则的道路，有机多变，传达的信息丰富，这几种道路在康复景观中应该注意使用的地点与强度，适当增加前两种，在合适的场所可考虑第三种类型的道路（图 4-9）。

图 4-9　不同线形的道路

康复景观中的道路有着特殊的尺度要求。1.2 米的道路宽度能保证一辆轮椅的转弯与通行，1.5 米的宽度能使两辆轮椅相对通过；为保证轮椅与体弱者的安全与方便，坡道不应大于 1/12，若能做到 1/16 或 1/20 则更为舒适；坡道超过 10 米时需要设置休息平台，平台应不小于 1.5 米 ×1.5 米；坡道两侧应设直径为 3 ~ 4 厘米的扶手，对于成年人来说高度在 75 ~ 85 厘米之间，对于儿童来说高度在 60 ~ 65 厘米之间，并且扶手两端要有 30 厘米的水平延伸；如果存在室外台阶，应该适当降低高度，踏步以 100 ~ 120 毫米高、380 ~ 400 毫米宽为宜，且至少要设 3 步台阶，如不足 3 步台阶，用坡道替代，以防止人们因不易分辨台阶而出现的安全问题。道路两侧应设路牙，且高度大于 50 毫米，以避免轮椅滑入周围土地而翻倒。以上数据可作为康复景观道路的设计依据。

2. 铺装

首先，需要使用不限制行动的铺装，在主要使用的室外空间区域，限制高差的变化。应该避免深凹槽或者大接缝，过于粗糙或者凹凸不平，以及虚铺的铺装，如用砂浆砌合的石头铺装、卵石或碎石虚铺的铺装，因为这对于坐轮椅、轮床，使用拐杖、助行器的病人会造成一定困难。对于那些行动有障碍的人来说，即便是一个很小的坡度改变都可能对其造成困扰，最好的解决办法是避免频繁改变场地的高差。同时，如果需要在室外空间展开康复治疗，可以考虑在专门的区域设置供练习的台阶、坡道，以不影响人们的必要活动，同时激发积极锻炼的行为为目的。

其次，针对不同的使用者，铺装有不同的侧重。针对老年人的道路铺装需要避免反光，尤其是从浅色铺装上反射的光，会使老人及因治疗免疫缺陷而造成光敏性的病人面临困扰；可以设计成老人喜爱的暖色系，如使用橘红色、黄色、土黄色、橙色等材料。针对儿童的道路，可考虑使用色彩饱和度高的鲜艳色彩，并组织富有趣味的图案。妇产医院室外空间中供孕妇使用的铺装，不适合做成卵石虚铺，这会让临产的孕妇感到脚下不稳。

对于铺装材料，可基于中医足底穴位的理论，考虑使用卵石铺地，进行足底按摩。另外，有学者认为，在康复景观中可以局部应用有凹凸变化、但不影响通行的铺装材料，以增加轮椅使用者对地面材料质感的体验，增强其行走的乐趣。同时，也有学者认为软质铺装在康复景观中值得提倡，它能够增加使用者足部的触觉感受，因此碎石、树叶、树皮，甚至夯实的土路等，都可以在康复景观中使用（图4-10）。

图4-10　各种道路铺装

此外，在一些面积较小的室外环境中，如庭院或者露台，需要保证人们散步时道路与座椅之间有足够的距离，以不侵犯那些坐着的人们的隐私。

4.3.4 地形

地形是康复景观中非常活跃的要素之一，它能够创造自然的空间，也可成为观赏的对象（图4-11）。

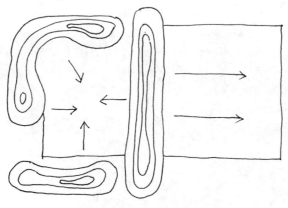

图4-11 地形限定空间

地形所限定的空间贴近自然，最具远离感，配合植物具备山林野趣，使人们有远离建筑及人工环境的体验，有助于健康的恢复。结合地形可以设置有高低变化的散步道，提供多样的锻炼方式。地形与植物的配合还能减弱噪声，是天然的隔离噪声的设施（图4-12）。地形能够形成宜人的小气候环境。在场地的西北侧建造地形，可以阻挡西北风的干扰；顺着夏季风向塑造地形，可以形成风道，促进夏季空气的流通，这对舒适性的创造及疾病的防治都是有益的。地形可以为芳香疗法在室外的实现提供地势环境。将芳香植物种植于凹地,有利于治病分子的聚拢;将芳香植物种植于地形顶部,有助于气体的扩散。另外，富有创意的地形设计，可以成为有趣味的景观，使康复景观具备"魅力性"的特征，成为人们的欣赏对象或者可供交流的谈资。

山地疗养景观的气候、景观要素以及在此环境中适度的运动可实现疗养的目的，在其中进行利用建设时，应充分考虑地形的现状，设计建筑时随高就低，靠山居洞，隐蔽屏障；道路规划顺应地势，考虑疗养者的身体状况，设置不同坡度的锻炼步道。

4.3.5 建筑与构筑

与康复景观相关的建筑与构筑可分为影响康复景观的医疗机构建筑，以及外部环境中用于遮阴避雨的园林建筑与构筑。

图 4-12 地形与植物的搭配

医疗机构的建筑以主体的形式出现在医院、疗养院等环境中，尤其是位于城市地段的医院，建筑对外部环境的空间与氛围具有支配性地位。医院建筑是康复景观的空间界面，康复景观的规划设计要考虑医院建筑立面的形式、材料、尺度；医院建筑也为康复景观限定出空间类型，有庭院、入口花园、屋顶花园等；医院建筑的出入口决定康复景观中一些必要性交通道路的起始点；医院建筑的开窗，对康复景观的视野提出要求。关于医院建筑与康复景观的论述，在第 5 章中将有更加具体的介绍。

另一类与康复景观相关的建筑与构筑是康复景观内部的园林建筑与构筑，包括园门、凉棚、廊架、亭、花房、疗养景观中的茶室、厕所等。这些园林建筑在康复景观中实现了对空间的二次划分，使外部环境具备更加亲切的人体尺度，并满足室外活动的功能需求；因其与人的接近性，应注意材料与细节的处理，以创造丰富的质感。园门是标志性构筑，它限定出一定的领域，使人有进入另一个环境的心理准备，康复景观中的园门可能挂着疗愈花园或者冥想花园的牌子，也可能是疗养景观中的景区大门。廊架、凉棚与亭，为人们提供一种带顶的庇护设施，可行走通过，可逗留，可遮风避雨，可提供心理上的安全感（图 4-13）。就安全感而言，顶部、背部，甚至左右都有保护，而视线可以向外到达花园的建筑和构筑最受欢迎。花房可以是阳光房，也可以是温室，为人们在室内接触植物提供了场所，如安贞医院的温室花房。茶室为人们的室外活动提供了场所与内容，很受中国人的欢迎，有助于社会支持的开展，其体量与形式应与周边环境相协调，充分利用自然条件。厕所是一些康复景观中必要的设施，需要根据估测使用者的人数决定蹲位数，并应该考虑无障碍蹲位、洗手池等。

图 4-13　北京三〇二医院廊架

4.3.6　室外设施

室外设施直接与人们的行为相联系，其设计的合理性与舒适性，决定了康复景观使用的可能性。室外设施的存在应该使康复景观在一年之中尽可能多地被使用。如果没有室外设施，人们的活动类型将非常有限，他们也许只能看看、路过然后离开。

我国有些医院的室外景观注重形式而忽略功能，主要表现在室外座椅的缺失或安排不合理。室外座椅的类型与组合方式、材料与设计、周边的氛围、是否存在桌子、有无照明等，都是需要认真考虑的。如在围合的铺装场地上设置适合交谈的座椅，能够产生社会性的活动；在视野好及朝向太阳的地方设置固定座椅，能够引导人们的视线。

可通过安排适合私人会话的座椅，以获得社会支持。调查发现，使用医院外部环境的通常是 1 个人，或者是 2 ～ 4 个人，多于 6 人的并不常见，这可为设置座椅数量时提供参考。

提供尽可能多的座椅类型与组合方式。固定的线性座椅，可以使陌生人避免视线接触，即使坐得近也比较舒服；如果存在可看的有吸引力的事物，比如路过的行人、美丽的植物或者远景，这种排布方式的座椅也比较受欢迎；但不太适合人们交谈，因为需要扭头或者转身；而直角座椅或者固定的相对的座椅，使人们可以直接面对面，很适合交谈。固定的相对座椅，或者一圈向心的座椅，会产生一种领域感，阻止别人进入这一空间。如果需要安放两排相邻的座椅，并且空间的面积足够大，那么座椅之间至少要相距9米，或者在座椅之间通过植物等遮挡人们坐下时的视线，以保证各自的私密性。可以移动的座椅，使人们能调整座椅组合方式，以适应自己的需求，也可以选择阳光、阴影、视野，或者是否避风等，很受人们欢迎。这种座椅在屋顶平台、屋顶花园或者庭院中安放，会解决不易管理的问题。

　　选择适合康复景观的座椅材料与样式。座椅的材料受到景观的形式、预算和所在地区气候等的影响。在一年中某些时候或者大部分时候都存在极端低温的地方，木质座椅最受欢迎，因为它比较温暖。酷热的时候，要避免使用金属座椅，这会使人们觉得太烫；而石质、混凝土材料可以使用，后两种材料在热天的阴凉中能使人感到惬意的凉爽（图4-14）。医院的调查显示，带靠背和扶手的座椅更受欢迎，花园风格的座椅比火车座更受欢迎。

图4-14　北京三〇一医院座椅

在座椅周围，运用植物等创造围合的氛围。被植物围合的座椅，或者在开放空间边缘的座椅，可以为那些想独处或者想隔一定距离去观察的人们，提供一定程度的私密场所。人们喜欢坐下后能看到有吸引力的东西，而不会被看。

放置一些带椅子的桌子。桌子的存在会引发更多行为，包括吃、阅读、写字等。它同样是领域的标志，一张正在使用的桌子很少被后来的人所打扰。人们可以利用桌椅开非正式的员工会议。使用的人数经常是四个或者更少。如果想让坐轮椅的人也使用桌子，可以将一侧的椅子设计成不固定的。相对于金属和混凝土的桌子，木质桌子的表面不用看起来那么干净，但它不平坦的表面，会使写字不太方便。带遮阳伞和可移动座椅的桌子，是一种很受欢迎的桌椅组合，尤其是在自助餐厅边上。可调节的遮阳伞使人们能够控制阳光与阴影，这对那些敏感或者接受特殊药物治疗的病人来说是十分重要的。

在视野好的地方和朝向太阳的地方设置固定的座椅以引导人的行为。一般屋顶花园、屋顶平台或者阳台可能拥有较好的视野，需要注意栏杆、扶手或者种植槽的高度要足够低或视线可穿过；如果周边没有现成的可观之景，可以在康复景观中设计小尺度的视觉焦点，以吸引人们的注意力。布置朝向太阳的固定座椅，尤其是在早上11点和下午4点之间朝向太阳，这在寒冷地区是很重要的调节手段。

在医院外部环境的实地调研中发现，人们对座椅的舒适度要求非常高，对于座椅的视野范围与内容、位置、材质等也有较多的要求，具体见图4-15。

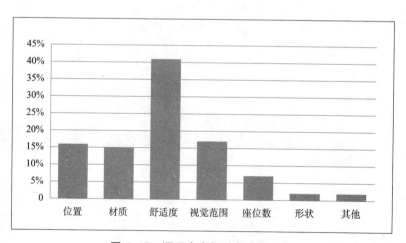

图4-15　调研中人们对座椅的要求

在室外设置饮用水。除非是非常短时间的造访，饮用水是室外空间最基本、必需的便利设施，这对于病人和儿童尤其重要。饮用水设施应确保儿童、坐轮椅的人能和站着的成年人一样方便使用。饮用水的使用要简单，使人们能够通过最少的操作和力量喝到水。

在所有的出入口附近及室外的公共区域设置垃圾桶。垃圾桶是人们处理垃圾最简单的方式，尤其是气候和景观的设计允许在室外就餐的地方。在室外的抽烟区，要设置尽可能便利的垃圾桶，避免烟头乱扔的情况发生。

提供足够的、有吸引力的照明。夜间照明能够使康复效果最大化，它可以让人们在天黑后安全地使用室外空间，或者晚上从室内看到花园。这在白天炎热、晚上的气候适合室外活动的地方，以及终年寒冷、只能从室内观看室外经过亮化处理的植物的地方，是尤其重要的。

提供电源插座。电源插座使花园可以被用于医院的聚会或者其他募捐活动。这使得那些不经常使用花园的人们有机会走到室外，使他们知道花园的存在，也为公共募捐在室外的开展提供可能。

4.3.7 园林小品

精彩的园林小品会增加康复景观的魅力。园林小品可以是喷泉、雕塑、手水钵、景石、鸟舍等，吸引人们进入康复景观，有时还能成为陌生人之间谈论的话题，拉近人们之间的距离。如果康复景观中有一处或者几处这样的独特元素，可以帮助人们识别花园，引发关于花园的记忆，实现康复效果。

然而，如第3、4章中环境心理学的研究所显示，康复景观中必须要选择合适的艺术形式。规则的圆锥地形、高高的石板也许在办公区、博物馆前很时尚，但在康复景观中却非常不合适，因为它们会使人联想到坟墓与墓碑。在美国北卡罗来纳州的一所医院中，一些半抽象的鸟儿雕像被癌症病人看作秃鹫，引起强烈的反感，不得不被搬出了医院。

园林小品的创造可以展示文化、幽默等人类智慧，可以使人们感到滋润与轻松。如中国的牌匾楹联、经典的诗词、励志的名言，作为可品味的信息，使人有美的联想，意境深远、启发心智，同时也是一种后天的学习，使人有满足感。幽默的艺术装饰能够使人发笑，一个轻微的脸部笑容的动作，就能引起心理的积极反应。

园林小品与水、植物等要素搭配，能够产生优美、亲切的景观。如图4-16中质朴的木桥与场地中原有的溪流、花草组合成的景观所展示的那样。

除了从符合康复景观特质的角度出发，考虑组成景观的物质要素外，在实地的调研中，尤其是对医院外部环境的调研中笔者发现，人们对水景、花架、亭子、座椅等设施的关注度与需求量都很高，同时认为活动器械也需要改善。目前我国医院外部环境建设的情况是，对于花架、亭子、雕塑等景观要素有较多的考虑，而对于座椅、活动器械等功能要素考虑得较少（图4-17、图4-18）。

图 4-16　木桥

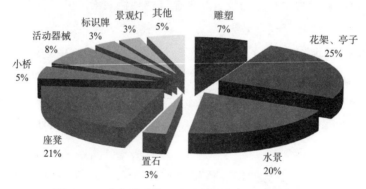

图 4-17　人们关注的医院外部环境物质要素的比例

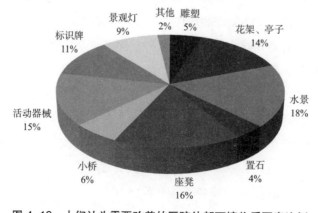

图 4-18　人们认为需要改善的医院外部环境物质要素比例

4.4 符合康复景观品质要求的组织规律

有了对符合康复景观特质的形态要素、感官要素、物质要素的了解，想要创造实际的景观，还需要将这些元素组织起来，而组织的手段需要符合秩序、律动与意境等规律。

4.4.1 万变不离其宗的秩序

作为被普遍认为具有康复价值的自然，其形态、结构、生长、运动都体现着秩序，秩序是一种规律、一种条理。人本身也在秩序之中。自然之所以能引发人们的美感，起到一定的康复作用，原因之一便是自然秩序与人体生命节律的合拍。秩序是适合人类生理与心理的形式之本。

自然是有序而又丰富多变的。植物的枝叶有若干种排布方式，如对生、互生、轮生；花序有若干类型，如伞房花序、圆锥花序；蝴蝶有着优美的花纹；鹦鹉螺有近似黄金比的曲线结构。除了静态的秩序，还存在冬去春来、花开花谢、潮涨潮落、斗转星移等变换的动态秩序。这些秩序精巧得让人叹为观止，给人美的感受。人是自然的一部分，人体的结构与运动也都充满了秩序。人的五官四肢都有完美的秩序；人的心跳与呼吸，运动时的节律感，一切都在有序运转。自然、生物一切都在秩序中发生、发展和变化。人与自然相互渗透，这使得秩序感成为人们生理、心理，以及实际行为中的一种必要需求。

秩序感一部分是先天本能，一部分是后天经验。我们的生活中有着摩肩接踵的人群、此消彼长的声音、钢筋水泥的森林，这些生存场景中各种秩序相互干扰、重叠，显得杂乱无章。老子《道德经》第十二章写道，"五色令人目盲，五音令人耳聋，五味令人口爽"，这也是都市现实的写照。这种世事纷扰、杂乱无序扰乱着人内心的秩序，造成紧张与压力。同时存在另外一种极端，即简单的重复，这会令人乏味，因单调而产生视觉疲劳；日复一日地重复相同的生活与工作，使人感到无价值、无意义。因此，人们尤其钟爱自然界中有序而又多变的秩序。有机的秩序可以使人的生理舒适，也可以对人的心理形成调节、补偿与安慰。

正是因为秩序是一种视觉与心理的补偿，决定了对于秩序的选择具有时空性。长期住在蛮荒山村，习惯于荒山原野的自然秩序的人们，会产生对规则、整洁秩序的渴望；熟悉规整化的道路、楼房的城市居民，会对自然、有机的秩序有所向往。不同场所的康复景观需要具备不同的秩序特点，以最大化地实现对人的补偿。位于热闹城市中的医院外部环境适合引入自然有机的秩序，而位于风景区中自然环境优美地段的疗养院内部的康复景观，可以适当增加规则的秩序。

从普遍意义来看，人类所钟爱的秩序是一种适度的规律，它需要在有序与变化之间、条理与丰富之间保持一定的状态，既不单调也不杂乱。要实现这种秩序，首先可以将形式进行简化，将其规范为几何形体，同时，适度调整结构。删减细节，突出基本形，使总体轮廓有规则是常用的手法；在此基础上进行结构的变化，使其丰富。其次，在简单骨架、节奏的基础上，逐步复杂化，可以既保证整体的良好，又有丰富的变化。

4.4.2 美学的律动与力效

1. 对立统一的均衡感

在人的生活中，面对疾病及其他压力，心理上的平衡常被破坏，康复景观中的均衡可以对人的生理与心理产生调节作用，这也是在康复景观的调研中，人们认为自然是赏心悦目的、陶冶性情的原因之一。

均衡感源于对自然规律的认识，能体现生命运动的规律。它与平衡有关，还具备布局、搭配的含义。阿恩海姆指出，心理的力与物理的力之间存在同一性与固有性，视觉心理中的均衡感与物理力之间有着相似的关系。姿态优美的松树，主干向一侧倾斜，枝干则集中于另一侧，获得了生长状态的均衡，这与物理力平衡的道理是一样的。这种均衡感，可以使人们感到稳定、坚固，有安全与踏实的感觉，是适合康复景观特质的。

均衡所获得的平衡效果与对称不同。对称结构表现为机械秩序与静态平衡，均衡则体现为有机变化与动态平衡。均衡所反映的对立统一关系，使其更加丰富多变，具有更大的调整余地与创作空间，所提供的形式不至于死板生硬，这也符合康复景观的特质。

均衡感在形式的趋向性与意象性中产生，在力量不断变化中显示统一，在静里有动的对比中表现生动，体现着辩证的规律，产生出耐人寻味的效应，富有受康复景观欢迎的活力。

均衡感受布局、方位、大小、距离、色彩等的影响。物体的大小、轻重、形状、偏离中心的距离等根据杠杆的原理作用于人的心理，通过一定的布局实现均衡。一般来说，距离中心或支点越远，会显得分量越重，体量小些也能够压得住，这在景观的置石中经常可以看到。

2. 节奏与韵律

人类处于与节奏密切相关的状态之中，心跳、呼吸、运动时交替迈开的双腿都是生命节奏的体现。人对节奏存在生理与心理上的适应性。节奏与人的行为、情绪有关，它的快慢、缓急、起伏变化影响着人的身心状况，节奏上的紊乱会带来健康问题。节奏可以调节身体和心理的状态，使生命的活力在节奏的秩序中得到恢复。康复景观应该注重景观的节奏与生命节奏的契合，以此为手段促进使用者的身心康复。

节奏本质上是有秩序的重复，其获得可以把相近的形式要素，如相近的形状、色彩、质感，相同的比例关系等，按照某种秩序进行重复排列和延续。节奏是可以变化的，但遵循规律重复的原则。节奏的动态变化产生韵律感，是秩序与动感的结合。那些有动态之美的间隔和重复，体现着自由运转的内在规律，可以使人身心得到放松。

康复景观中的节奏与韵律可以在平面、空间及时间的多个维度展开。平面的道路铺装、墙面、空间的各围合要素，都可以出现节奏与韵律；同时，人们在景观中穿梭，在不同的时间经历不同的场所，可以感受不同地方所共有的节奏与韵律。

4.4.3　形有限而意无穷

康复景观中的疗养景观，一般有着优良的自然资源，可以提供给人们超凡的感官盛宴。而存在于城市中的康复景观，不具备得天独厚的自然背景，相反，是在熙熙攘攘的环境中点缀的一点绿色，想使其发挥自然的康复效果，必须发挥设计的创造性，就像古人塑造中国古典园林那样，模山范水、咫尺山林，做到形有限而意无穷。

要实现意无穷，首先要挖掘形式的意味，找到能够触发情感共鸣的形式元素及特征。如婉转多变的曲线，有着轻松、活跃、自由而富有活力的意味；精心组织的山石，有着山的峰、谷，甚至层峦叠嶂的效果，使人联想到自然界山峦的壮美与稳固。

其次，要学习中国古典园林楹联匾额、景题刻石的点题手法，通过人为的引导，将景观的意境表达出来。如拙政园中的与谁同坐轩，暗含苏东坡诗句中"与谁同坐，清风、明月、我"的意境，将清风、明月都引入到园林之中。再如，北海濠濮间，名字出自《世说新语》中"会心处不必在远，翳然林水，便自有濠濮间想也"的"濠濮间想"，通过有限的山水，表达着对生命和自由的珍视与向往。

4.5　符合康复景观品质要求的空间与时间

泰瑞·哈蒂格博士指出，康复景观表示一个场所，一个过程，以及二者的交织[1]。人们在康复景观中会得到空间与时间上的体验。

4.5.1　空间

老子曾说："埏埴以为器，当其无，有器之用。凿户牖以为室，当其无，有室之用。故有之以为利，无之以为用。"这被公认为对空间的经典描述。人们的行为活动发生在

---

[1]　Terry Hartig，Clare Cooper Marcus. Healing gardens：places for nature in health care. http：//www.thelancet.com/journals/lancet/article/PIIS0140-6736（06）69920-0/fulltext.

一系列的空间之中，我们可以从以下几方面来看康复景观中的空间。

首先，空间需要满足人们在康复景观中可能发生的各种行为。

扬·盖尔对人们的户外活动进行了分类，认为主要包括三种类型，即必要性、自发性和社会性活动[1]。在康复景观中，必要性活动指那些人们都要参与的、目的性很强的活动，如候诊、为做检查而穿梭于门诊楼与医技楼之间等；自发性活动指人们有参与的意愿，且时间、地点都合适的情况下才发生的活动，如散步、晒太阳、呼吸新鲜空气、坐下欣赏有趣的景观、打太极拳等；而社会性活动是在公共空间中很多人共同参与的各种活动，如交谈、下棋、儿童游戏、集体做操等。必要性活动是康复景观必须考虑的，尤其在医疗机构中，因其功能性很强，康复景观应尽量保证必要性活动方便快捷地完成，合理安排道路体系，并在必要性活动的场所周边提供一些自然元素，如绿色树木、开花草本植物、水等，以缓解使用者的焦虑与紧张，同时使人们知道康复景观的存在，以引导人们进入并享受自然。自发性活动与社会性活动受空间品质的影响最大，合适的空间能够促发这两类行为的发生。体育锻炼是很多人进入康复景观的直接目的，应该创造与之相匹配的散步道、活动场地等空间类型，使人们能舒适地进行锻炼。社会支持对康复有益，社会性活动需要有一定空间感而又相对开阔的场地，只要面积允许，就应该创造一个可供聚会的空间。

其次，康复景观中需要注意空间的领地性与个性化的塑造。

个体有对个人空间的需要，领地性与个性化是人的本质需要。住院病人在室内的很多活动是受人支配的，且自身机能的衰退或受损，使他们活动受限，这导致其控制感的丧失，往往诱发不良情绪，所以需要在康复景观中加以弥补。反映在空间上，就是领地性与个性化的塑造。

领地性的塑造，需要提高空间的可预见性，如在进入空间之前，先能看到空间的大概面貌，做到心中有数；需要针对使用者的身体状况，选择合适的围合空间元素的材料、尺度、色彩等；需要创造有秩序感的空间，让使用者感到生活的稳定与可控。同时，当一个群体使用领地的时候，会有助于加强群体内部的信任，因为使用同一领地的人群大多有着相同或者相似的经历，有着相似的身体状况，因而分享领地就会加强群体成员之间的认同感和安全感，这也有助于社会支持的获得。

在个性化方面，一个好的空间布局可以创造一种有利于使用者按照不同身份来完成行为的环境。从一定意义上而言，空间作为人们自身行为的外在延伸，是由行为者自己创造出来的，设计师仅仅是根据这种需要加以体现。人们对于归属属性的需求，是可以通过将环境个性化得以实现的。因此，设计师在设计康复景观的时候，应该以

---

[1]　[丹麦] 扬·盖尔. 交往与空间 [M]. 何人可，译. 北京：中国建筑工业出版社，2002：13.

人的动态变化为主体，充分考虑使用者的特点，创造具有针对性的空间环境。应当充分考虑不同人群的情感、文化差异、民族特色、地域特色等因素，因时、因地、因人而异，最大限度地满足灵活性和适应性。

第三，要注意公共性空间与私密性空间的合理搭配。

人们有参与公共活动与独处的多重需求。在康复景观设计中，必须合理搭配公共空间与私密性空间。

对于公共性空间而言，需要设置面积较大、围合度较小、视野较开阔的场地，种植较大的遮阴树、植被，并配以适量的户外设施，以使人们可以进行诸如晨练或群众文娱等活动，充分发挥康复景观对自发性与社会性活动的促进，使人们的社会性得以发挥与恢复。

对于私密性空间来说，它能够满足人们对私密性的追求，具有自治、个人情感释放、自我评价以及限制信息沟通的作用。私密性空间一般尺度较小，围合度较高，使用者不容易受到外界干扰，适合独处或者少数人使用。人们在这样的空间中，能够增强控制感、放松心理焦虑、释放抒发压抑情感、进行私密性交谈，具有十分重要的康复功能。在康复景观的规划设计中，可以用绿篱、树墙、构筑等作为竖向界面，围合空间，界面越高越密，空间的私密性也越强。

此外，在康复景观设计中，不同的使用人群对空间的要求不同。有调查显示，老年人对能容纳多人聚集活动的场地，或者面积较大的建筑休息设施有偏爱，青年人倾向于少干扰、较为独立兼有运动场所的空间，少年儿童则喜欢在较开阔的活动空间或绿地中玩耍[1]。

在康复景观中塑造空间的元素、手法及尺度比例与其他类型的景观是相通的。

限定空间的元素可以是水平面、垂直面或者不规则面，可以是上文提到的各种物质要素。其限定的手法可以是围合、设立、覆盖、架起、凸起、凹入、材质变化等。

空间的感受与尺度、比例及材料有关。空间的封闭程度受空间的高度与各面之间距离的比值的影响，当这一比值为 1/2 ～ 1/3 时，空间较为舒适；当比值大于 1/4 时，空间的封闭性不够；当比值大于 1/2 时，空间有禁锢感。同时，空间受视距与观察对象高度比值的影响，当这一比值为 2 时，可以观察到整个对象；当这一比值为 3 时，可以观察到对象及其周围的环境；当这一比值大于 3 时，对象会成为整个全景的一部分。同样面积的广场，大铺装使空间显得比实际小一些，小铺装使空间显得比实际大一些；粗质感的植物有向人靠近的倾向，使空间变得比实际小一些，细质感的植物有与人远离的效果，使空间显得比实际大一些（图 4-19）。

---

[1] 陈纪贵. 城市现代居住区植物景观设计初探 [J]. 科技信息（科学教研），2007（26）：568.

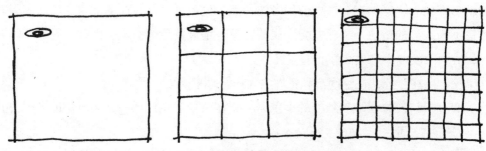

图 4-19　材料的大小影响空间的尺度感

4.5.2　时间

康复景观有着丰富的时间特性。作为一种景观，它具备可观、可用、可游的特点，其中可游指可以在其中进行散步、游览等活动，不是固定在一个空间，而是随着时间的推移，在一连串的空间之中展开。

康复景观作为建筑的对比物，是开放空间，开放向天空、开放向整个自然环境。在康复景观中，每天、每年都有丰富的变化，随着年份累积也会有不同的景象。一天中，日出日落带来不同的光照条件及光影变化，有些植物如牵牛花只在清晨开花，鸟儿在清晨的鸣叫格外清脆，朝霞与晚霞绚丽多彩。一年中，植物从发芽、开花、结果、落叶，展现不同的形态、颜色，甚至质感，季相变化丰富；水在冬天结冰，可供人们滑冰，而其他季节以液态呈现，夏季因能降低温度而更加受欢迎；有些疗养景观使用的强度与季节关系紧密，如温矿泉疗养景观在冬季是使用旺季，夏天则使用较少。随着年份的变化，小树苗可能长成参天大树，人工的构筑、铺装可能锈蚀、老化、剥落或长满青苔，某些疗养景观甚至可能会消失。这些是时间所带来的不同景观。

康复景观中的一些要素能引起人们对过去的回忆及对未来的联想。阿尔茨海默患者对某些花的气味十分敏感，能够引发对过去美好时刻的回忆。长寿植物的生长、耐磨材料的应用，让人有永恒感，引发人们对未来的想象。

此外，康复景观不是独立创作的艺术品，而是动态的、有机的对生活的延伸。它的建造是一个长期的过程，并不只是方案的规划设计、施工建设，完成后工作人员的维护管理，以及使用者对康复景观的使用都是对康复景观的再创造。

5　医院外部环境

每个人都有生老病死，医院已经成为我们虽然不愿意进去，却必不可缺的场所。但是每当我们走入医院的时候，往往满眼充斥着生硬的建筑、冰冷的仪器、杂乱的停车，这些带来的焦虑或许会加重人们"讳疾忌医"的心理。可喜的是，随着医院从注重治疗到注重康复的功能转变，医院外部环境对人健康的益处越来越被关注。

医院外部环境如此重要，以至于我们将国外已有的经典理论与案例视为珍宝。然而，这些理论与案例一旦与中国实际情况接轨，各种问题就会接踵而至。因此，我们必须思考国外理论与案例在中国的适用性，针对我国的现状，进行有选择的借鉴。比如设计使用率相对较高的绿化广场，加强医院外部环境利于康复的宣传等。

与此同时，继承与发扬我国悠久的传统文化、天人合一的哲学理念和古典园林的艺术精粹，能够使我国的医院外部环境在发挥自然帮助的同时，平添文化色彩，呈现中国味十足的医院外部环境。

5.1　中国医院外部环境简介

在本书的研究中，医院外部环境主要限定在医院建筑外、医院用地范围内的环境。康复景观的历史一般都会追溯到欧洲中世纪用作医院的修道院的庭院；而康复景观在现代被重新提出并作为一个新的研究方向，是以环境心理学家对医院病人观看绿色植物而起到康复效果这一研究成果为基础的。所以医院的外部环境是康复景观的主体，目前人们对它的研究成果也较为丰富。

目前，中国医院有很多种分类方式，其外部环境也具有不同的特点。从医院的级别来看，一般级别越高，其外部环境条件越好；专科医院的外部环境为特殊的使用人群服务，前文有一些介绍，本章不再展开讨论；中医院及中西医结合医院的外部环境有时会反映中医文化的特点。

医院外部环境品质的好坏，不仅是其设计的问题，还牵涉到医院的总体规划及医院建筑的设计，只有从医院规划、建筑设计、外部环境及医院管理等多方面对其进行考虑，才能创造出具有活力、受人欢迎的医院外部环境。

5.1.1 中国医院外部环境的特点及改进对策

为了总结中国医院外部环境的特点，笔者对医院进行了实地调研。调研主要集中在北京、上海等城市医院，还涉及北京周边的一些中小城市中的医院。在调研的过程中，笔者发现中国医院的外部环境存在建设状况不均衡、用地局促较普遍、人们自然环境意识薄弱等问题。另外，还存在医院外部环境与社区生活交融的独特情况。同时中国传统文化也在医院外部环境中有所反映。

1. 各医院外部环境建设状况不均衡

目前我国医院外部环境的建设状况差异很大，发展不均衡。

首先，医疗资源分布地区不均衡。好的大型综合医院多集中在大中城市，且多位于城市中心地段，全国各地的患者都汇集到这些医院中，使医院的环境显得格外拥挤，甚至影响医院周边的城市交通。而一些中小城市的医院环境状况不是很好，很多医院并未设置室外绿地，或者效果不佳，仅仅停留在种树种花的层面，缺少专业的设计。

其次，资金投入的不同导致医院外部环境状况差异较大。在我国当前的财政体制下，公立医院作为公共福利设施，政府会调用财政拨款进行建设，相对于私立医院，资金比较有保证。一些三级甲等医院，绿化的投资比较充沛，甚至有条件在医院中建设温室，如安贞医院。与此并存的，是一些私立医院或者级别比较低的公立医院，对于室外绿地的投资往往不够。私立医院将大量的资金投入室内环境的塑造、设备与医务人员上，因此，一些私立医院设计了宜人的中庭空间，或者直接将医院建在花园中，如北京新世纪妇儿医院（图 5-1、图 5-2）。而一些级别比较低的公立医院，往往连室内外环境都无法保证，整体环境品质不理想。

图 5-1　新世纪妇儿医院外观　　　　　图 5-2　新世纪妇儿医院庭院

第三，受医院建设年代及建设地段的制约，外部环境的状况也存在差异。有些位于大城市的大型综合医院，如北京同仁医院，其老院区建于 1886 年，位于北京二环附

近的城市中心地段，医院用地相当紧张，周边环境噪声、空气污染相对较严重，外部
环境与医院的声望不匹配；而北京中日友好医院与北京安贞医院，建于1984年，且都
位于北京三环外，环境条件就好得多。但这也不是绝对的，北京协和医院建于1921年，
虽然也位于北京二环附近，与同仁医院老院情况近似，但其外部环境相对要好一些（图
5-3）。尽管医院外部环境的主要功能是联络各医院建筑之间的交通，不过其绿色植被
苍翠繁茂，受到广泛欢迎。

图 5-3 北京协和医院外部环境

这些不均衡问题的解决需要政府和社会各界人士的共同努力。首先要正视这种不
均衡状况，能够针对各种不同建设水平的医院外部环境提出具有针对性、合理性和可
行性的设计方案。对于那些条件优越、有充足资金的情况，其康复景观应该创造多样
的景观类型，应用相对精致的景观小品与植物材料，保证高质量的后期维护和管理，
使医院外部环境发挥较好的康复作用。对于那些私立医院，要引导投资者重视医院外
部环境，实现室内外一体化的高品质设计。对于级别较低的公立医院，不能从设计价
值的角度予以轻视，相反，在资金紧张、用地条件有限的情况下，更应该注重设计的
创造性所带来的价值。因此可以考虑旧材料的再利用，充分调动社会志愿人士等，实
现环境品质的提升。对于那些建设于特殊年代及地段的医院，设计时需要考虑历史建
筑、医院布局对外部环境的影响，重视文脉的传承；同时，通过增加植物的叶表面积、
创造丰富的感官体验等，弥补其建设地段所带来的不利影响。

2. 人均绿地面积不足较为普遍

中国是世界人口最多的国家，人口密度较大，这导致我国很多人均指标低于国际
水平。2010年，我国城市规划要求人均公共绿地面积达到10平方米/人以上，但这也

远低于国际水平。由于医院外部碳氧平衡能力有限，只能提高内部绿化面积及覆盖面积。

而在医院用地内部，也普遍存在人均绿地不足的问题。以北京为例，虽然《北京市城市绿化条例》规定"各项建设工程，应当安排一定的绿化用地，其所占建设用地面积的比例为：地处三环路以外的医院不低于45%；疗养院所不低于50%"[1]。但实际情况是，很多医院的人均绿地面积往往不能满足这一规定，除了那些因建造年代及地段所造成的绿地面积少的情况，很多在条例颁布后建设的医院，也由于种种原因，不能很好地完成条例中的规定，往往存在将绿化停车、不能使用的屋顶花园等归为绿化用地的情况，这是对条例规定的变相打折。在绿地率都无法保证的前提下，人均绿地面积就更少了。同时，即便那些能够很好地满足条例规定的医院，也存在人均绿地面积不足的情况。这些医院，一般都是重点建设、医疗水平较高、面向全国服务的大中型医院，全国各地的患者都汇集到这些医院之中，即便其总体绿化面积充足，但根据使用人数平均下来，还是少得可怜。

在人均绿地面积不足的情况下，要实现医院外部环境的康复性，需要充分挖掘医院外部环境的绿化类型，重视屋顶绿化并切实保证其使用性，重视垂直绿化，以增加总体绿量，同时积极挖掘并利用周边可用作康复景观的绿地；在设计中，发扬中国古典园林小中见大的特长，增加空间层次，注重细节，在面积有限的前提下，使人们能够有更为深远、广阔、丰富的心理体验。

3. 医院外部环境的康复性没有得到充分认识

医院户外环境无论对于建设者还是使用者而言，其康复效果都没有引起足够的重视，自然环境意识相对薄弱。

我国医院的建设方，在进行医院建设时，往往把绿化用地放在次要位置，将室外环境视为可有可无，或者仅仅是装点美化的元素，因此将大量的资金与精力放在医院建筑、道路与停车场建设当中，而园林绿地经常在规划与建筑设计完成之后，进行见缝插针的布置（图5-4）。由于将医院的园林等同于一般的绿化，采取不恰当的景观形式，如大面积的观赏草坪、硬质铺装广场等，对环境的康复促进作用缺乏了解，使得室外环境本身的宝贵价值得不到充分的发挥。

除建设方外，很多到医院就诊的病人及陪同者也缺乏对医院外部环境的充分认识。在调查中发现，"相对于医院户外环境，人们更关注入口环境和建筑室内环境"[2]。这种情况说明，一方面我国的医疗基础设施相对薄弱，还不能满足人们的基本需求；另一方面人们对自然环境的健康帮助作用缺少了解。虽然大部分人表示喜欢在园林绿化环境中停留，但并未意识到自然对康复的重要作用，没有将医院的室外环境作为很重要

---

[1] 北京市人大常委会 . 北京市城市绿化条例（修正）[Z]. 1990-04-21.

[2] 陈萍 . 北京大型综合医院户外环境研究初探 [D]. 北京：北京林业大学，2007：16.

图 5-4　航天中心医院外部环境

的就医条件对待。

要解决这一问题,需要加大自然帮助康复的宣传工作。与此相关的学术研究成果及大众化读物的出版、相关讲座的举办、项目设计过程中与院方或建设方的沟通、对医院外部环境使用状况评价的调研以及在这一过程中与使用者的交谈,都有助于拓展人们对医院外部环境的认识。同时,还可以结合社区的政府及民间组织,举办各种活动,以加深人们对自然环境与健康之间关系的全面认识。

4. 中国文化铸就特色鲜明的医院外部环境

医院外部环境作为一种园林类型,是中国文化的形式化语言,传统园林的理念在很多项目中都有体现。人们对理想栖居环境的想象,与西方的伊甸园不同,在很多现代中国人的头脑中,将中国古典园林"虽由人作、宛自天开","小桥流水、亭台楼阁"视为理想模式。

我国很多医院设计受到这种思想的支配,从形式到内容都有着鲜明的中国特色。如中日友好医院住院部南侧的花园,完全采用中国传统园林的造园手法,院落化空间、水面为中心、水中建岛、岛上设亭,园林建筑为古典形式,坐北朝南,隔水与假山地形相望(图 5-5)。

图 5-5　中日友好医院南花园

　　也有一些医院是在历史建筑的基础上建设起来的，如北京积水潭医院，其外部环境利用原有王府花园的建筑小品、假山、水面等，营造出具有皇家园林特征的医院外部环境。

　　同时，有着悠久历史的中医文化，在医院外部环境中也有体现。草药园的建设、用于足底按摩的卵石铺地等，丰富着医院外部环境的功能及景观。五行与疾病的对应关系，因其将人体器官与季节、方位、色彩、植物种类等联系起来，深受一些风景园林工作者的推崇。

此外，中国人养生健身的习惯也有着独特之处。有经典的五禽戏、太极拳、八段锦，也有现代的集体舞、健身操、种类多样的散步方式（如快走、慢走、倒着走），以及棋牌、书法等活动，这些都可以在室外进行。

对于中国文化的发扬与创造性利用，符合中国人的文化心理需求，能够使康复效果最大化，同时，使我国医院外部环境体现出鲜明的中国特色。比如中国古典园林在意境与创造手法上，与冥想花园有着类似的性质；五行的哲学思想结合设计的创意能够产生既有益健康又有中国味的园林环境；对于人们生活习惯的考虑能够创造出具有活力的医院外部环境。

5. 与社区生活的交融性

在医院外部环境调研的过程中，笔者发现一些医院的附属绿地也被周边社区的居民所使用，与其日常生活紧密联系在一起。之所以产生这种情况，有两方面的原因。第一，有些医院周边的社区由于建设的时间比较久远，在当时并未充分考虑配套的绿地设施，而医院相对于周边居住区内的绿化率要高得多，并且具有开放性。如中国康复中心的绿地，长期被周边社区的居民所使用（图5-6）。第二，在一些绿化条件好、管理完善的医院中，往往会有周边社区中没有的绿化设施，如温室、小型苗圃，以及较为专业的园艺

图 5-6　中国康复中心绿地中的社区居民

工人。园艺工人对于周边居民来说是很好的咨询专家。如安贞医院有两个开放的温室，拥有专业的绿化工人，周边居民经常来参观，尤其在冬季；并且，还有居民向工人请教养殖花草的经验，甚至将自家的花卉拿到医院温室中，请工人代为养殖。

虽然社区居民使用医院外部环境可能会加大医院里人均绿地面积不足的矛盾，但就医院外部环境的常规使用者而言，普通市民的加入可以成为一个活跃因素，使病人、探访者及医护人员不至于有脱离社会的感觉。从这一角度出发，医院外部环境与市民社会生活的交融性是值得肯定并鼓励的。同时，周边居民还向医院赠送一些植物、动物材料，这对于那些资金有限的医院显得尤其珍贵，是一项真正的公益，值得宣扬。

5.1.2　中国医院建设热潮的到来及医院外部环境在这一过程中的作用

当前我国正处于医疗改革的大潮中，医学模式的转变、医学技术的完善，以及经济的不断发展，使我国很多医院原有的规划和建筑场地已经不能适应医院本身的功能发展，也不能完全满足使用者的需求，因此大部分医院选择改扩建。尤其是在大城市里，这种情况非常普遍[1]。当前，很多大城市的医院都处于改扩建或者异地新建的过程中，相信在不久的将来，将有更多中小城市的医院也要进行必要的更新。在医院的建设大潮中，医院外部环境起着重要作用。这对医院的建设既是机遇也是挑战。如果能利用改扩建的时机，引入医院外部环境的设计理念，将带来医院整体品质的提升；而如果片面追求效率及经济，缺乏环境意识，可能导致人性化的缺失，环境品质的下降。

1. 观念、技术与经济的进步必然带来建设的热潮

当代医院进行改扩建的主要原因在于观念、技术与经济三个方面。

首先，随着社会的发展，人们医疗观念的转变导致综合性需求的产生，医疗模式随之发生变化。现代医学的显著特点是生物、心理和社会综合医学模式，即对人类疾病及健康状态的思考，除了要考虑医学因素之外，还将心理、社会等因素考虑在内[2]。这种医学模式的转变，直接引起了人们对医院功能认识的转变，由传统的治疗型向"医疗、预防、保健、康复"的复合型转化。医院原有的物质环境从形式到功能都已经无法承载这种转化，因此，医院进行改扩建或重新建设成为必然趋势。

其次，医学技术的进步，医疗设备的不断更新，导致原有医院的建筑、场地已不能与之相适应。新的医技楼、病房需求迫切，这不仅影响医院的服务水平，也是医院评定级别的参考标准之一，所以院方具有比较强烈的进行医院建设的主观意图。

第三，改革开放以来，我国经济持续增长，在解决人民的温饱问题后，有资金、

[1] 陈萍.北京大型综合医院户外环境研究初探[D].北京：北京林业大学，2007：1-2.
[2] 齐岱蔚.达到身心平衡——康复疗养空间景观设计初探[D].北京：北京林业大学，2007：1-2.

有实力进行一些福利设施的建设。在这一建设过程中，既存在新建也存在改扩建。新建的医院在一些规划设计规范的要求下，为满足绿地率、实现较好的外部环境设计提供了机遇。与此同时，由于城市中土地价格高、用地局限性大、完全抛弃旧有建筑经济成本较高等原因，很多医院选择进行改建扩建，这使得在进行医院外部环境设计时，需要认真考虑现有资源的利用，同时创造具备康复性的景观环境。

2. 医院外部环境在医院改扩建中的作用

自然有助于身体健康的恢复。医院外部环境作为一种自然的形式，在医院中发挥着健康帮助的重要作用。这一点在学术界已被越来越多的研究所证实，国外如此，国内亦然。

除此之外，在我国医院大搞建设的特殊阶段，医院外部环境还发挥着更多的作用。对于新建的医院来说，医院外部环境的相关理论与实践研究，能够对医院总体规划、医院建筑设计起到一定的参考与借鉴价值，有助于实现规划、建筑设计与园林设计的一体化，发挥环境的整体优势，实现室内外的交融。这在本章第二节将有更加详尽的论述。

对于改扩建的医院而言，改扩建的特殊性使得医院外部空间的作用呈现多样化倾向。在改扩建过程中，很多既有的绿地被新建的项目所包围，有的甚至被侵占。同时，改扩建项目要依据现状条件，可能产生缺少合理的总体规划、建筑分散、流线交叉、停车场过大且布局欠佳等问题，不能保证建筑与园林绿地有很好的关系，可能造成外部空间功能混乱、缺少场所感、使用率降低等情况。因此，必须重视医院外部环境在医院改扩建中的作用。概括而言，主要包括以下几个方面。

首先，医院外部环境能够整合医院的整体环境。医院改扩建项目中，往往新旧建筑并存，由于建筑技术、材料及施工工艺的进步，建筑功能的转变，导致新建筑与旧建筑之间，常缺乏形式上的联系与呼应，总体面貌缺少统一。在这种情况下，医院的室外环境能够起到整合作用，如成排的植物从形状与色彩上，可以弱化不同建筑风格之间的矛盾，增强环境的协调性。

其次，医院外部环境能够缓解改扩建所造成的混乱。医院的改扩建项目，一般是在现有建筑用地不能满足使用的情况下进行的。如果用地缺乏前期的总体规划，可能出现建筑布局零乱、功能关系不清、交通流线不合理、停车场紧张等各种问题。此外，由于医院的建设施工与病人使用同时存在，人们就诊、住院场所的旁边，可能就是用脚手架和绿色纱网围起来的施工工地，无论视觉、听觉还是嗅觉都充满了使人不悦的因素。这些混乱的情况会增加人们就医、工作时额外的压力，不利于健康，对于整体环境的品质也有消极的影响。医院外部环境中的自然元素如植物、水、阳光等能够形成视觉焦点，中和噪声，产生芳香的气味，这对于人们从混乱中转移注意力，缓解压力是非常有帮助的。

同时，如果将医院外部环境设计的理念引入医院改扩建的总体规划与建筑设计当中，也会有助于整体环境的优化。

5.2　国外相关理论的适用性研究

国外对于康复景观研究相对较早，尤其对于医院的外部环境有着较为深入的探讨，其理论具备一定的先进性。在医院大搞建设的过程中，如果能够运用国外的先进理论指导我国的设计实践，将使现有的医院室外环境的品质得到整体的提升，从而促进康复景观在实践领域的快速发展。

国外先进理论的引入，能够帮助整合我国医院新建、改建、扩建中的各种资源，对大量的工程实践项目有积极的指导作用。医院外部环境的建设完善，能够实现室内外环境的交融，带来整体环境品质的提升，无论对于医院的总体规划、建筑设计，还是医院外部环境本身，都有着重要的价值。

在国外诸多的研究中，克莱尔·库珀·马科斯关于医院外部环境的理论基于大量的实地调研，从医院中可能存在的景观类型，到具体的设计导则都进行了详细论述，比较易于应用到实践，尤其对改扩建的项目有着较强的指导作用。而且库珀的理论本身是在很多其他研究者成果基础上提出的，有一定的代表性。

本章以库珀的理论为框架，结合其他国外学者的研究成果，立足中国医院建设发展的自身特点，对国外先进理念在中国医院外部环境中的适应性进行研究，从具体适用的内容方面进行探讨。

5.2.1　国外理论在中国医院外部环境中的适用可能

作为基于欧美国家情况的研究成果，国外理论在中国医院外部环境设计中之所以具有一定的适用性，这是因为全球医学的发展趋势、医院建设的人性化目标、人们基本的行为心理模式等方面，可以超越国界与文化，具有一定程度上的共通性。

1. 依托共同的医学发展

医药与医疗的发展，是当代医院建筑与园林规划设计理念更新的因素之一。医学的全球化，使得与医院紧密联系的医院外部环境具有国际性。随着中国改革开放的发展，我国一些较好的医院与国际先进水平的医院能够保持一致的步调。无论国外还是国内，医学的发展都在从生物医学转向生物、心理、社会的整体医学模式，对人的心理与社会性的关注是医学发展的共同趋势。与之相适应的整体医学环境，是现代化医院规划设计的热点问题。国外很多理论的提出，是基于对国际先进水平医院的调查，反映了医学发展的总体趋势，因此对于我国相关理论和实践的完善具有较强的借鉴意义。

2. 对人性化的一致追求

高科技的发展，应该与对人性的关注同步进行。创造人性化的医疗环境是规划设计领域的一致追求。家庭化的病房、有丈夫陪护的产室等都是人性化的反映。医院外部环境的存在是柔化高技术的有效手段，其所带来的自然气氛、情趣与舒适，能够平衡医院建筑、道路、停车等硬质环境所造成的冷漠与焦躁。医院外部环境的布局、设计的细节等均会影响其作为人性化要素而发挥作用的水平。国外的理论针对这些问题做了大量研究，是实现人性化设计的珍贵参考。

3. 人类共通的基本的行为心理模式

人类经过漫长的进化，在一些基本的心理行为模式上是共通的，不受文化和地域的限制。这些基本的行为心理需求包括舒适性的需求、领域感的需求、归属感的需求、与他人交往的需求、私密性的需求，以及接近自然的需求 [1]。

国外理论的研究基于这些基本的行为心理模式，是对人的各种基本需求的满足，具有普遍的借鉴价值。

5.2.2　医院总体规划与医院外部环境设计

1. 医院总体规划中医院外部环境的景观类型

医院外部环境中不同的景观类型，在医院中发挥着各自的作用。对不同类型景观的综合运用，能够保证医院景观类型的丰富度。在总体规划阶段，需要考虑以下几种类型的医院外部环境。

（1）中心绿地

医院总体规划中，建筑的分布与道路的组织直接决定中心绿地是否存在，以及存在的质量水平。通过医院建筑的分布，创造适度的围合；主要道路不切割绿地，保证中心绿地的相对完整性。

中心绿地存在的前提是有较大面积的集中场地。我国一些医院，尤其是新建的大型综合医院，在用地允许的情况下，多会考虑这种类型的景观。一些综合医院以园林绿化为中心，各功能建筑围绕中心绿地布置。这也是受中国传统园林布局的影响。

中心绿地可以结合康复治疗手段为使用者的多种活动服务，经常被用作建筑间步行的通道、吃饭与等待的场所、步行与坐轮椅的病人的活动场地等。它可以统一不同风格的建筑，是医院外部环境里最具空间感的场地之一，植物景观占的比重大，有着类似公园的面貌。

---

[1]　李海燕. 医院建筑公共空间使用者心理需求与设计策略研究 [D]. 北京：清华大学，2006：59-68.

　　这类景观应该作为设计的重点，使其充分发挥斑块的功效。同时注意与周边建筑设施的交接处理，发挥边界效应，使其效用最大化。

　　例如，安贞医院有相对集中的景观场地，并在其中设有座椅。因为医院各部门的建筑分布于绿地周边，功能性步行交通的存在，使得这一场地有着较高的可见性；大量座椅的布置，吸引了众多人的逗留。在天气晴好的白天利用率非常高。空军总医院中心绿地包括水池、变化的地形等，景观层次丰富（图 5-7、图 5-8）。

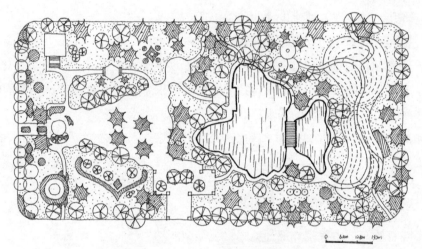

图 5-7　北京空军总医院中心花园平面图

图 5-8　北京空军总医院中心绿地

（2）景观前院与入口花园

在医院总体规划时，应该尽量提供景观前院与入口花园，适度放弃寸土尽用的极端追求，留出设计景观前院与入口花园的场地，以创造入口气氛，唤起人们的熟悉感，为靠近道路的建筑内的人们提供私密性，隔离噪声。

景观前院指医疗机构主入口前的绿地，经常由草坪与树木组成，是作为创造入口氛围的景观部分。这类空间与住所的前院类似，起到隔离建筑与街道的作用，它通常没有使用功能，以观赏为主。

在我国用地紧张的前提下，这类景观是某些医院仅有的绿地，设计熟悉、舒适的环境，并尽可能地创造可坐、可交谈的逗留空间，有助于实现绿地的功能复合化利用，能适度缓解我国用地紧张的问题。在设计时，要统筹考虑出入口、道路交通，将车辆、行人进行有机的组织，避免混乱。

也有一些医院中原本有更多使用潜力的这类绿地，仅发挥着隔离、装点的作用，应对其进行改造，使其充分发挥自身优势，避免劣势，是目前可在我国医院大量开展的工作。如中日友好医院的樱花园，它将儿童门/急诊的出入口与外界的城市次干道隔离开来，有着很好的春季景观，还设有南丁格尔的雕塑。但由于缺少座椅等设施，使得想在室外候诊的父母、儿童，只能坐在路牙石上，造成其自身的价值大打折扣（图5-9）。

图5-9　中日友好医院樱花园

入口花园指医院入口处的景观区域，不同于前门廊，入口花园是一块绿色空间，有着花园的样子；也不像景观前院，它是可以使用的。

作为可以使用的绿色空间，入口花园如果布局设计合理，会因其接近出入口而频繁使用。设计较好的入口花园，能够把人们吸引到室外，在缓解使用者压力的同时增强其环境意识。但入口花园如果没有精心的植物设计，可能会暴露于停车场及入口道路；妨碍主出入口的可达性；与停车用地发生竞争，被停车场侵占；造成空间的过度开敞，使穿着病号服的住院病人不敢去使用。

中日友好医院的鉴真花园属于这类医院外部环境。该绿地内有座椅、散步道、鉴真的雕像、绿色植物等，经常有病人与探访者进入使用。它的优势在于因为接近建筑出入口，可识别性高，交通便利，有步行的散步道与可逗留的座椅。劣势表现在过于暴露于停车场及入口道路，可见度过高，缺少一定的私密性。

（3）广场

广场空间指医院中硬质铺装占主导地位的户外场地，使用性强。它可能包含乔木、灌木或者种植于器皿中的花卉等，然而其总体印象并非一个绿色空间，而是铺装为主的城市广场。

广场具有较低的植物维护及灌溉费用，在有限的面积内具备较高的使用率，使用方便，如坐轮椅的、拄拐杖的、行走能力较弱的病人都可以自如地使用该类空间。但它缺少绿色，没有类似"花园"或者"绿洲"的景观，不符合人们对康复景观的一般印象，缓解压力的效果较差；夏季表面温度高，不如有绿色植物的地方气候舒适；光亮的颜色可能产生眩光问题，尤其对于老年人的使用会带来不便。

作为高人口密度的国家，广场在我国应该给予充分考虑。广场的康复效果虽然不及以绿化为主的园林，但其高使用率值得提倡。在用地紧张的城市医院中，经过合理设计的广场，以及将广场与绿色植物相结合的绿化广场，是解决我国目前医院现状的有效方法之一。

（4）考虑具有"远离"感的景观

"远离"是环境心理学家卡普兰提出的恢复性环境的特征之一，它能够使人们从医院的氛围中抽离出来，有利康复。在医院规划时，考虑留出相对独立的、与医院主体建筑有一定距离的绿化空间，可以用来建造用于治疗的疗愈花园，也可以建成具有私密感与宁静气氛的冥想花园，或者将医院的边角地加以利用形成坐落于偏僻处的花园。

在我国医院大量改扩建发展的过程中，由于缺乏总体规划，建筑以加建、改建的模式进行，经常出现处于用地偏僻处的边角地，对其加以充分利用，能够发挥具有远离品质的景观优势，同时也是对用地限制的很好突破。

（5）考虑可借的景观

"构园无格，借景有因[1]"。借景是中国古典园林中经典的造园手法之一。医疗机构借外部的花园或者自然景观，能对医院的病人、员工和探访者的压力的缓解起到重要作用。这类景观省去了医院在土地获得及植物维护上的费用，并且可能成为一个有用的确定方位的元素。因此，进行医院的布局规划与建筑设计时，应该考虑可借的景观。

目前我国很多医院建立在城市的繁华地段，有些医院周边有河道、公园可借；也有一些没有良好的自然景观可借，要考虑周边的城市风貌、天际线等因素。如果用地周边有公园或者其他自然景观，要尽可能加以利用。病房、候诊室、单向走廊可向其开窗，获得自然的景观视野；在相应的位置安排出入口，将医院内部绿地规划在靠近周边自然景观一侧，使绿地内外结合，发挥整体优势；在医院户外环境的设计中应该注意保持视觉走廊的通畅，在合适的位置设置观赏的平台、座椅、廊架等设施。同时，要合理安排医院用地，注意保持景观的品质，避免停车场、污水处理及垃圾收集站等在靠近周边公园与自然景观的地方出现。

2. 医院总体规划中医院外部环境的设计原则

（1）规划、建筑、景观的一体化

为了共同对场地进行分析，在决定医院用地布局、制定改扩建决策的过程中，有必要成立由规划师、建筑师与风景园林师组成的专业团队。在规划开始的阶段让风景园林师加入，对于室外环境的位置选择、小气候的创造等方面都很有帮助，有利于整体景象的形成。最糟糕的情况是建筑及停车都建完后再考虑室外空间，而这往往是目前我国的现状。

（2）医院选址与场地分析的综合化

我国传统造园讲究"相地"，风景园林师应该具备挖掘场地已有资源、借用周边景观及历史元素的专业敏锐性。

理想的医院位置是能够看到公园、自然保护区、开放的绿带或者水体的地方。这样病人可以从医院看到自然环境，有助于康复。当进行医院总体规划时，要善于引入周边已存在的绿色空间，从生态的科学角度及审美的艺术角度进行全方位的考虑。如果周围环境中包含历史元素，还要将文化引入医院的规划设计中，尝试将原来的一些历史元素融合到医院外部环境中。

在医院建设项目，尤其是改扩建的项目中，场地分析非常重要。对现有建筑进行评估、对道路停车状况进行调整时，要考虑医院外部环境的建造。可以使用新建筑基础挖出来的土来创造地形变化。如果面积够大，可以创造下沉空间与小山丘，配合植

---

[1] （明）计成原著，陈植注释. 园冶注释 [M]. 北京：中国建筑工业出版社，2005：243.

物的种植，形成既可散步又可观赏的充满趣味的园林环境。

（3）室外场地的多样化

多样化的室外场地，可以满足不同人群的不同行为需求，为医院外部环境的建设提供丰富的场地基础。由于建筑与道路、停车的布局，影响到室外空间面积的大小、形状及日照情况，整合或打散处理等，直接关系到医院外部环境的质量，因此在进行医院建筑、道路的位置及形状规划时，应以创造多样的室外场地为规划目标之一。

规划设计过程中，可以通过建筑的排布，创造私密、半私密、半公共、公共性质的室外空间。建筑围合出的室外空间，从四面围合、U形围合、L形围合、一面围合，到没有建筑围合，其私密性递减，公共性递增。

5.2.3　医院建筑设计与医院外部环境设计

医院大多以建筑及建筑群为主体，所以康复景观应该充分考虑室内和室外两部分。如提倡在室内的公共走廊、候诊室和病房中能够看到花园，对于建筑的天井、天窗及普通窗户要有细致的考虑；同时，建筑及建筑群可能作为花园的边界而存在，对于医院外部环境领域感及空间的形成有着重要意义，花园的设计要考虑建筑的出入口、立面、颜色、尺度等因素。此外，在城市用地紧张的情况下，屋顶绿化、垂直绿化都应该在医院外部环境中广泛应用，并切实起到康复之助的作用。

1. 医院建筑设计中医院外部环境的景观类型

（1）庭院、天井

庭院、天井在建筑群的内部，四周围合，可能位于地面，也可能位于台地甚至屋顶。在建筑中设计庭院、天井，不仅有利于建筑的采光通风，也可以为人们提供迷人的窗景，实现建筑与环境的交融。庭院与天井使人们知道有户外花园的存在，可以吸引人们走到建筑之外；同时，作为定位标志，可提高医院建筑的可识别性。

一个庭院应该在医院入口处能够一眼看到，这样探访者与病人就知道了它的存在。当庭院的一个或多个边被餐厅所占据时，庭院可以发挥户外的就餐功能。庭院、天井周边建筑阴影的存在，使其在炎热的夏季相对凉爽，但在冬天，可能存在阳光不足，过于阴冷的情况。同时，如果尺度、位置及布局不妥，则对使用者可能产生"鱼缸效应"；如果缺少足够的植物或者构筑物的缓冲与隔离，其附近的房间可能需要窗帘才能获得必要的私密性；而且，庭院活动的人们的声音可能会干扰周边建筑内人员的工作、休息。

由于中国传统建筑普遍存在庭院与天井，这类户外空间在中国的医疗机构中也很常见，是人们熟悉的环境。不过就调研的情况来看，我国医院中的庭院或天井，普遍没有得到很好的维护与管理，存在荒凉、破败的状况，多数只用作观赏，较少被有效使用；并且存在一些庭院没有入口，或者有门开向庭院却常年上锁的情况，给人们造成一定的挫败感。

（2）屋顶花园与屋顶平台

屋顶花园位于医院建筑的屋顶部位，经过设计有着多个方向的视野。是否存在屋顶平台，取决于建筑方案，与国外同步的医疗建筑设计，使得这类景观在中国的医院中也可实现。

屋顶花园与屋顶平台的建设，可以使原本可能废弃的场地加以利用，有利于缓解用地紧张、绿化面积不足的问题，这些优势在我国显得尤其突出，值得大力提倡。屋顶花园与屋顶平台能够保证医院病人、探访者及工作人员相对独立的使用空间，与建筑关系密切、交通便捷，如果设计合理，会产生高频率的使用。适度地使用植物元素，能够形成立体绿化，实现建筑与自然的交融。同时，这类景观可以提供相对开阔的视野，使人们有全局的视野，这对于人们控制感的产生非常有利。但也存在一些需要克服的弊端，如由于位于建筑屋顶，结构因素可能阻碍大乔木或者水景的应用；可能比地面或者庭院有更大的风；由于周边建筑的高度及投影的关系，温度可能会令人不舒适，存在过热或者过冷的情况；空调的出风口经常会在屋顶，压缩机的噪声常使人烦躁不安；另外，如果没有很好的标识，探访者和病人可能不知道它们的存在。

由于屋顶花园投资较一般绿地高，我国医院通常不够重视该类室外空间的设计与使用，导致目前很多医疗机构没有考虑屋顶花园，或者流于简单的图案化处理，无法有效使用。屋顶花园的开发利用是医院改扩建过程中一项重要内容，值得引起我国医院院方及设计者的充分重视。

（3）中庭花园

在低纬度或者高纬度地带，因为极端的炎热与严寒等气候问题，在一年中大部分时间都不适合进行户外活动，位于医院建筑室内的中庭花园是很有吸引力的外部环境类型，可以使人们在中庭花园里小坐、散步，欣赏植物与水景等自然景观。

中庭花园的存在为建筑带来良好的自然采光，还能满足人们在恶劣天气对自然的需求。中庭使建筑与自然交织在一起，花园显而易见并可接近，人们能够非常便利地接触自然，是激发人们自然环境意识的很好的景观类型。而且，作为医院建筑内部的医院私有空间，有着相对的安全性与人员的一致性，能够满足人们对于安全与尊重的需求。然而要注意的是，中庭花园需要大量的采暖、制冷设备，这会增加能源消耗；植物需要特殊的照顾，可能产生高额的维护及替换费用。

虽然中庭花园多是针对极端气候区域的，医院建设也在一定程度上存在重建筑轻园林的情况，但是在我国崇尚自然哲学观念的指导下，医院建筑内部设置中庭花园的还是不少。如中国康复研究中心西侧出入口处的中庭花园。

（4）建筑前廊

国外很多医院在建筑主要入口处都有类似前廊的构筑物，前廊的存在为人们提供入口的视觉暗示，兼具雨篷、室外候诊与暂时集散场地的作用。它可能包含很多元素，如建筑的柱子、顶，机动车上下的回车道，座椅、医院的地图标识、邮箱、电话等。它会产生人们由室外空间进入建筑内部入口处的第一印象，影响着前来就医的人们的心情。

我国传统建筑中常有廊的存在。建筑的前廊有着平衡建筑尺度、扩大建筑与环境的交融、暗示出入口等作用；同时，也是中国传统文化在建筑中的符号表达，能够使人们产生一定的熟悉感。有些医院建筑前门廊里设置座椅，是室外空间中少有的可以坐的地方，这种情况下，前门廊更受欢迎，使用率极高，甚至人满为患，如中国康复研究中心。

在进行建筑前廊的设计时，应该创造令人鼓舞的、平静的、受欢迎的环境，避免使人迷惑的、繁忙的、混乱的情况。这类景观设计的基本要求是处理好步行与机动车辆的交通流线，避免流线交叉，在满足救护车、紧急停车等要求的前提下，充分考虑步行需要，创造轻松愉悦的绿色环境。

在调研的医院中，中国康复研究中心入口处廊架没有车行交通，成为人们户外休憩的主要空间。其中设有方便的座椅，种植藤蔓植物等，是康复中心利用率最高的户外空间之一。不过作为室外为数不多的有座椅的设施，它有过度利用的情况，造成了一定的堵塞。中日友好医院南侧门廊分上下两层，下层为夏季避雨候车的主要场所。

2. 医院建筑设计中医院外部环境的设计原则

（1）建筑的开窗与医院外部环境的可知性

窗景是人们最便捷、最常见的对室外景观的利用。做好观看室外的设计，需要建筑师与风景园林师的密切配合，在我国，除加强两个群体各自的设计素养外，应该尝试对于项目的协同合作，只有这样才能实现建筑与环境的完美融合。

建筑的窗户意味着开放与自由，如果没有窗户，会造成严重的感觉剥夺，它们是打破墙所造成的与外部环境隔离的重要元素。环境心理学家沃尔里奇的研究证明，观看窗外的自然有助于压力的缓解，减少病人对医护人员的需求，缩短住院时间。同时，窗户的设置对于不同的适用群体均具有较大的功能。自然对正在恢复中的病人带来康复作用，而那些慢性病患者、瘫痪的人、有感官障碍的人，由于没有窗户则造成认知障碍，这从正反两方面显示出从病人的房间看到自然元素是非常重要的。

自然窗景的重要性毋庸置疑，建筑在以下位置的开窗要注意与医院外部环境的结合：在人流量大的地方设计朝向医院外部环境的窗户，如电梯厅和主出入口、候诊大厅、自助餐厅、主要的走廊等，这会吸引人们使用室外空间；病房、康复室的开窗也很重要，如果能从外科手术的病房或者康复室中看到外面的自然景观，会鼓励病人从床上起来，尽可能多地散步；对于员工来说，办公室、餐厅、会议室等的窗景也很重要，他们能从自然的视野中得到压力的缓解。

在开窗的方式上，避免水平的、狭小的开窗，提倡纵向的、有较大视野的开窗，这对于那些活动受限及长期卧床的病人来说非常重要。窗户太少的房间，会造成不必要的感官障碍。窗台的高度应该在 0.5 ~ 0.76 米之间，以保证那些躺在床上和坐轮椅的人也能看到窗外的风景。如果可能，病床离窗户的距离不应超过 3.66 米，这样病人可以最大化地享受窗外的自然。当建筑两侧有相对的窗户时，其中间的室外空间最好有 9.14m 的宽度，这使得室外空间可有效利用；6.10 米也是一个可以接受的距离，它使得从建筑一侧的窗户看出去，视线穿过室外空间到达另一侧建筑的窗户时，变得不清晰。这一距离给人们提供了足够的私密性，尤其是从门厅看出去，对面是病房时。然而需要注意的是，当窗户朝向庭院或者小路时，设计时要避免人们向房内看时而使室内的人感觉在"舞台"上。窗户不应该直接面对公共区域，换句话说，应该在窗户与公共区域之间设计屏障。这可以通过种植或者通过格栅、百叶窗等实现。植物可以起到过滤的作用，同时保证了私密性。

从窗景的类型上看，水体比庭院、公园、山丘更适合作病房的窗景，而庭院则适合作休息厅、候诊室或者走廊的窗景。

（2）建筑入口与医院外部环境的可达性

将出入口开向室外空间，可以方便使用。如果室外空间是供一般性使用的，将出入口设置在医院走廊或电梯厅等方便到达的公共区域；如果室外空间是有特殊用途的，最好的控制使用人群的方法是将出入口设置在相应的房间或门厅走廊处。例如，将用于物理治疗的室外空间设置在康复单元旁边，将安静的花园设置在重症护理单元附近。医院的员工、病人和探访者们经常穿梭于病房区或探访区，只有非常便捷的情况下，才会去使用室外空间。因此，到达室外空间要便捷，这样才能使其使用人数最大化。物理的可达性包括门的类型、位置、入口设计及表面材料。

①自动门。自动门使用简易，几乎所有病人都能用。无论病人使用了何种辅助的医疗设备，在使用这种门时都很少遇到困难。不过，员工们有时会担心病人在没有监控的情况下走出去会有危险，尤其那些有认知紊乱的病人，所以自动门适合有监控的区域或者是病人不需要监控的情况时使用。

②玻璃的推拉门。没有太高门槛的推拉门对病人而言是第二简易的门，因为它不必用力推，同时还能透过它看到外部空间的使用情况。

③拉杆门比较重，需要支撑与推力，那些比较脆弱的病人在没有辅助的情况下，很难打开拉杆门。它也不适合配备医疗器械的病人使用。

④自动上锁门。这种门会给人们使用室外空间造成不便，被锁在外是很令人沮丧的。医院的员工们在使用这种门时，通常都想尽办法使门保持开着的状态，如利用

废箱子、木楔子支撑，或者将锁处于非上锁状态。如果一扇门是锁着的，应该有明显的上锁标志，避免诱惑人们上前开门，否则会给人造成挫败感[1]。

（3）创造能看到花园的阳台或露台

能看到花园的阳台或屋顶露台，能够扩大对室外空间的使用，尤其是对那些使用轮床和轮椅、不方便到花园中去的病人。这些空间需要足够的尺寸和够宽的门，使得探访者或志愿者可以轻松地帮助病人到达室外。由于目前我国很多医院存在用地紧张与床位数量要求之间的矛盾，很多病房被安置在较高的楼层，病人及其亲属如果想接触室外环境，不得不出病房、坐电梯、再步行至室外花园，很多人因为这一过程比较周折而放弃进行室外活动。阳台或者露台的设置能够缓解这一问题。通过调研也发现，设计合理的阳台使用率是极高的。

（4）在室内提供接触自然的机会

由于人们在看望病人的时候，有带鲜花和植物的传统，所以可设置能放花瓶的架子，使病人可以直接欣赏。将花放到病床旁的柜子里是不合适的，因为那经常是放书、杂志等的地方，而且在病人坐起来时，它们常常在病人的后面。对于医院的长期患者，观看窗户外的喂鸟器，照护室内的植物，并能从床上直接看到它们是很重要的。如果可能，在窗户边放置能放植物的架子或者桌子是很受欢迎的，当然不能阻挡床上病人向外的视线，也不能妨碍百叶窗和窗帘的使用。

5.2.4 医院外部环境建设

实地的调研中发现，人们到医院外部环境中的主要目的包括散步、呼吸新鲜空气、锻炼、亲近自然、聊天等内容（图 5-10）。根据这一调查结构，结合相关理论，对医院外部环境本身的建设做如下考虑。

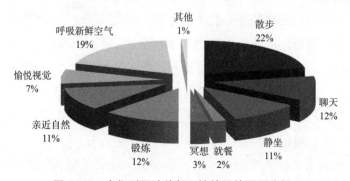

图 5-10 人们到医院外部环境的目的调研分析

---

[1] Clare Cooper Marcus，Marni Barnes. Healing Gardens：Therapeutic Benefits and Design Recommendations[M]. New York：John Wiley & Sons，INC，1999：207-208.

1.医院外部环境中值得特别注意的景观类型

（1）疗愈花园与冥想花园

疗愈花园指医院管理者或设计者专门将其设计成具有疗愈作用的室外或者室内的花园空间。冥想花园指小且安静，被围合的室外空间。疗愈花园可以让使用者体验到专门为康复而设计的环境，这种强调能够起到康复的心理暗示作用。冥想被认为具有治疗的作用，追求平和与宁静的气氛，它使人类与自然亲密接触，用于放松、内观与沉思。

在国外疗愈花园与冥想花园被单独设置，并且要挂上名牌。它们的存在显示着整体医疗护理手段的采用。挂牌子的做法与我国的楹联有相同的效果，为中国民众所熟悉。中国古典园林的很多特质与冥想花园契合，比如富有寓意的植物、水体、假山、置石、景观亭廊、迂回的道路等，也都是冥想花园中经常出现的。将中国古典园林的道路结合现代的无障碍设计规范，能够创造出富有中国特色的冥想花园。

（2）观赏/步入花园

观赏/步入花园，包括仅用于观赏的花园及既能观赏也能进入使用的花园。它们能从室内看到，具有一定的空间范围，包含多种景观元素。

观赏花园在我国大量存在，对于一些土地及资金有限的医院是仅有的绿地。观赏花园能够将绿色引入狭小空间，为建筑带来自然采光，可以不受天气影响地从室内观看，具有维护要求较低的特点。

观赏/步入花园能从医院内部看到并且可以供有限的人进入使用，比如能从候诊厅或者走廊里看到，可以坐一坐或简单地散散步，为等待或经过的人们提供真实的可观可感的绿色景观。它能够成为供少量人使用的安静的就座场所。因其相对使用较少，使得周边办公室的工作人员或者病房的病人感觉不到隐私被过度侵犯。但是，坐在该类空间中的人们也许会像在庭院中那样，有在玻璃鱼缸里被盯着看的不舒适感，这需要进行必要的隔离处理。同时，绿色植物、花朵等不能近距离观赏、触摸，也不能闻到它们的味道；如果有喷泉或者鸟儿的话，听不到声音。这使得人们不能全面地体验自然，不能近距离接触，也许会使一些人产生挫败感。

对于我国用地紧张的现状，一个花园如果具备使用的可能，就尽量不要仅用来观赏，以发挥园林绿地的复合化功能。在调研过程中发现，我国医院中这类景观出现较多，它们能给建筑带来良好的采光通风，能使人们有不同于室内景观的视野，但有些疏于管理，景观衰败。

（3）自然小径与自然保护区

作为医疗机构的稀有便利设施，可接近的自然小径或者自然/野生动物保护区可以提供愉悦的户外空间体验，尤其是在员工的午餐时间。一般在这样的景观环境中，存在多样的物种，会为医院的病人提供饶有趣味的观赏对象与交流资源；锻炼的小路会引导员工在休息时走到户外。但是，对住院病人而言，这类室外空间可能不像庭院与入口门廊那么便捷；由于天气的变化，可能全年的使用天数有限；同时会加大监管难度，尤其对需要重点监护的病人可能存在安全隐患。

虽然在调研范围内并未出现此种景观的案例，不过不排除我国将来会出现有这种优良环境的医院。如果周边有自然小径与自然保护区，应该在医院总体布局规划、建筑设计及室外环境设计的过程中给予充分重视。当医院位置远离城镇时，也可以借助医院周边的自然环境。

2. 医院外部环境设计原则

（1）创造控制感

对入口的强调、周边墙的考虑、空间围合及子空间的创造、带顶设施的安放、特殊视线的尊重等，能够增强使用者的控制感，使医院外部环境更加人性化。

第一，景观适用的选择性。花园可以在以下方面为使用者提供选择：不同形式的散步道，不同类型的座椅，远、中、近景的不同视野，不同的小气候环境（阳光、半遮阴、浓荫）等。

第二，空间元素的熟悉性。大多数人到医院后，都有一定程度的焦虑，在室外空间设置一些熟悉的元素，可以使人安心。实践中，可以通过采用已经使用过的材料，以创造熟悉感。

第三，避免混乱的秩序性。花园的布局要简单"易读"，以减少对有功能障碍的人产生的混乱感。这对于老年人或者有心理障碍的病人尤其适用。用于定位的节点元素，如有特色的中心、鲜明的出入口、清晰的道路体系、明确的边界等，可以帮助人们减少混乱感。

第四，创造视野的全景性。环境心理学的研究发现，心烦意乱或者有压力的人们在凝视远景时，特别易于安静下来，它使得人们产生一种"大局""全面合理地看待事物"的观念。如果医院的室外空间有一处能够看到远景将非常受欢迎，要在合适的位置安置固定座椅，以引导人们的视线，并且用植物形成框景。

第五，噪声最小化。医院中很多室外空间的使用者是想远离室内环境的声音、气味和活动。在室外，看到绿地、感受安宁能够使人得到很好的放松，因此听到鸟鸣和落水的声音是很重要的（如果有喷泉的话）。沃尔里奇引述的研究说明，人为的噪声经常是医院花园中消极的分心的事物，这一干扰会使自然的恢复性能削减甚至被否定。经常造成干扰的噪声多出自空调、循环泵、街道交通、紧急救援直升机等。

（2）创造多样化的空间

医院外部环境对室外空间的二次划分，能够为人们提供尺度适宜、景观丰富的多样化空间体验。这种多样性的空间创造，是为了满足使用者的不同需求。医院的使用者包括病人、探访者及员工，从年龄上有老年人、中青年及儿童，室外空间要满足这些不同人群的需求。尤其对于病人来说，私密性的室外空间能弥补在医院治疗过程中部分隐私的丧失感；而公共性的空间，能够引导自发性与社会性活动的产生，使社会支持得以发生。因此，医院外部环境应当结合医院总体布局及建筑功能，合理创造多样化的室外空间。

这些不同的空间也许依赖于：其位置——在咖啡厅旁、主入口附近等；不同的位置类型——屋顶平台、庭院等；不同的设计景象——轮床病人也能获得良好视野的硬质铺装阳台或平台、人们在候诊或者拿药时能够看到的有吸引力的绿色景观、有着"花园"特质的地面或者屋顶花园，这些区域被装备成可以冥想、吃快餐、散步的地方。

同时，室内外空间的设置上应该具有互补性。如果病人住在靠近室外空间私人房间，社会交往与观察应该优先在外部区域发生。如果附近的单元有着开放的、多样的床位设计，更多的交流和从社会中抽离出来的活动应该优先。

在进行设计时，可以充分考虑以下几种类型的空间。

第一，中心聚会空间。如果医院的场地足够大，室外空间可以提供聚会的空间，为公共活动、社会支持提供场所。如一个凉亭或露台，可以在特殊的活动中充当演讲台、表演台，或者在平时给人们提供有庇护的座椅。在国外医院的中心聚会空间，可以举行烧烤宴会、音乐会、善款筹集等聚会活动，这在我国比较少见。不过，我国广大市民跳集体舞、打太极拳等健身活动，也是需要较为集中的铺装场地的。虽然这样的集体活动是否适合在医院出现有争议，不过这对于那些长期住院的病人及医护人员还是有一定吸引力的。通过较好的景观设计，可以诱发有益健康的自发性及社会性行为。

这种聚会空间可以设计成有围合感的空间，满足人们对于安全与私密性的需求。围合空间的元素可以是地形、植物、廊架，或者这些元素的组合。尤其植物材料组成的空间限定元素，能够随着季节的变化呈现出不同的面貌，在色彩、孔隙度等方面充满变化。这一空间应该是有铺装的，有足够的座椅，以及为安置临时座椅而留出的足够空间。

第二，至少提供一处使用者能够感到"远离"外界和医院环境的空间。医院外部环境作为康复景观，需要一定程度的围合或者与外部世界的隔离。入口的草坪或者繁忙的入口广场，不该是室外唯一可利用的环境。调查显示，室外空间的使用者中，很多想要寻找平静、隔离的环境，这些环境中具备绿树、鲜花、鸟鸣、新鲜空气等。这些感官刺激能够引发平静、放松的情绪。

第三，在餐厅旁设置室外空间是很必要的。除了前厅，在医院没有比餐厅更具人气的地方了。自助餐厅旁的花园、庭院或者屋顶平台吸引人们去享受新鲜空气，成为人们就餐和度过自由时光的一个绝佳的可选择场所。同样，在大多数医院中，这也是人们唯一可以就餐与抽烟的地方。

第四，提供医院员工可以临时性"占有"的室外空间。调查显示，护士希望偶尔能从处理与病人相关事情的压力与紧张中解脱出来。员工的许多放松时的行为，如抽烟、成群人的谈话、吃东西，可能会与病人休息的需求相矛盾甚至被禁止。这并不意味着需要提供仅为员工使用的室外空间，相反，巧妙的屏障设置及空间规划，可以创造一些半私密空间，供成组的员工在工作中休息的时间段里临时"占有"。

第五，提供一处疗愈的、安静的、熟悉的环境。无论是身体上还是心理上生病或存在障碍的人，都希望看到舒适的环境。当一个人放松和压力降低时，他更容易康复。沃尔里奇指出了艺术作品与一般公共艺术的差别。许多艺术家坚信艺术应该是有挑战的，抵制艺术为大多数观众带来积极作用的观点。这一差异，在医院这一压力环境中显得更为明显。研究表明，艺术家的艺术带给病人的是消极的反应与联想，而熟悉的风景带给病人的是积极的反应与联想。当一个人在健康与没有压力的状态下，才可能去欣赏那些具有挑战性的使人兴奋的、有吸引力的、含混的艺术作品或花园设计。但在医院里，花园需要引发熟悉与舒适的联想，设计不应该基于抽象的、超现实主义的理念，它不该是委托人、捐赠者、设计师或者医院决策者主观意愿的实现。因此，医院外部环境不适合仅仅做成视觉艺术，在设计方面标新立异，而应该被设计为一种明确的积极环境、熟悉的室外空间，从而唤起使用者对往日快乐时光的回忆。

第六，创造子空间。一些使用者喜欢独处，希望能够单独坐着享受舒适的私密；另外一些人，也许喜欢消遣性的社会交往。因此，如果有足够的面积，可以创造子空间，以适应不同尺度与等级的私密性需求。

第七，创造围合感。如果可能，创造一种有边界的室外空间，以提供围合、安全、远离医院室内空间的环境体验。这可以通过墙、栅栏、浓密的植物或建筑的边界来实现。

（3）实现最大化的利用

第一，实现功能上的利用最大化。医院外部环境的设计要尽量满足功能上的最大化，将其建设成既可以从室内观看，也能进入体验的花园。一个本可以坐和散步的室外空间，仅仅作为观赏的环境，对于员工来说是很大的浪费。此外，那些因为位置原因不能使用的室外空间，也要注意实现从候诊厅及走廊看过去的视野。如英国核心脊椎病医院（Britain's "nucleus" and spine-and-pavilion hospitals）的走廊偶尔被庭院打断，室外空间成为具有方向感的设施，也使长长的室内走廊变得和缓。鉴于从室内向外看的重要性，当选择植物、远景的时候，考虑花园从附近窗户中看出来的效果。

第二，实现时间上的利用最大化。设计医院外部环境时，应使室外空间在一年之中，尽可能多地使用。设计的目标是使室外空间的日使用时间及年使用时间最大化。在冷天用于调节气候，规划有遮蔽或者充分享受阳光的室外空间，这会让人们可以在早春、晚秋，以及温暖的冬天使用室外空间。在热天，阴凉使得人们免受炙热的太阳及极端高温的侵扰；在冬天，即使到室外空间逗留很短的时间，也对缓解"室内狂躁症"有很好的效果。当雪和冰使散步道变滑的时候，及时使用融雪设备清理道路。

（4）趣味性的提供

第一，提供向野生动物开放的视野。从医院看到外面的鸟儿和其他野生动物，会使病人感受到生命的秩序，体会到生命在继续。窗外的野鸟喂食器也很受欢迎，尤其是对于那些长期在医院的人。

第二，提供与医院内部有对比的材质。在医院建筑的内部，采用最多的是光滑的、人造的、方便清理的、坚不可摧的材质。与之相对应的，可以以雕塑、编织的墙上挂饰、绘画等形式展现材质对比。病人也许会喜欢在室外露台或花园中体验到不一样的肌理。这包括岩石墙或独立的岩石，用做植物藤架的原木或木质横梁，瓷瓦的表面，可触摸的植物，木质的野餐桌，混凝土的凳子等。

5.2.5 医院管理维护与医院外部环境

医院外部环境建成后，管理维护工作由医院方接管，医院外部环境使用的情况直接与管理维护相关。

1. 加强宣传

设计者应与院方的管理者配合，在医院提供地图与指示标记，尤其是电梯厅和前厅；在为病人提供的资料中放上地图；为那些将要住院的人，如准备手术的患者及孕妇，提供医院外部环境的信息等。我国的医院管理者往往对以上情况不够重视，应该尽快加以完善。这些宣传是非常有效的广告，能够使医院脱颖而出，抢占更多的市场。宣传中对室外空间的介绍，会成为吸引病人的重要因素。

2. 多方主体合力完善安全、维护与管理措施

现实中，室外空间的设计者往往缺乏与管理者及维护者的沟通，这造成了我国普遍存在规划设计与后期管理脱节的情况。当一个空间被设计为可使用，但却锁着，或者开放但没有必要设施，或者维护得很差，病人及员工会因此而产生挫败感，导致原本充满压力的环境更加紧张。

因此，风景园林设计师应该增加管理维护的知识，加强与管理者的沟通，确保设计完成、方案实施后，园林景观能够切实发挥预想的作用。设计团队主要对创造医院的花园负责，而花园日后的维护和使用移交给管理团队和员工，要确保这两组人员互相沟通，管理与维护的员工代表有必要参与设计的全过程。只有这样，才能使设计者了解设计可能造成的维护方面的问题；也只有这样，管理与维护部门的人员才能成为

整个过程的一部分，并在早期就了解花园的设计意图，提供更好的管理维护工作。案例调查发现，这对于医院户外空间日常的支持与照料非常重要。

可以采用以下方法与途径完善医院外部环境的安全、维护与管理。

第一，就室外空间的存在与康复的益处，对员工展开教育。意识到花园空间的存在是其使用过程中最关键的因素之一。我们发现，即便存在室外空间，人们在咨询台也可能找不到它存在的任何线索，或者对于它的可达性产生误解。设置标识指向户外空间，在贴出的地图中标出花园的位置，在咨询台的就诊指南中列出花园，这些都有助于室外空间的使用。

鼓励医院的员工使用室外空间，会吸引病人及探访者也去使用室外空间，从而使每个人都能够享受花园的益处。在花园中安排一些工作，比如会议，会享受到花园所带来的康复效果。

第二，带病人到室外空间。当资金有限的时候，创造性的思维会带来更多的好处。招募志愿者，请他们带病人到室外活动，对病人康复有利，也能够减轻员工的负担。有些病人的身体状况，不能独自到达室外空间，或者医院的员工不希望他们单独待在外面，兼职的陪护可以在病人最想使用室外空间时解决这一问题。这些陪护可以待在舒适的地方，既能轻松地看到病人，也能在危机的时刻与医院取得联系。

第三，花园的维护。维护对于场地的安全和病人的康复都很重要。维护很差的花园，不利于建立起病人对医院员工的信任。如果医院建筑在设计时创造了大量的庭院空间，却不能保证日常的维护，低品质的景观会对康复起到反作用。

如果花园的维护经费不足，在设计阶段就应该考虑使用低维护的植物。也可以发动当地花园俱乐部的志愿者或者当地青年教育组织帮助维护室外空间，也能起到传授景观维护知识的目的。

第四，使用有机的方法进行维护。推荐引入鸟类、蝴蝶、松鼠等来抵抗害虫，这相对于使用农药和杀虫剂要更加有机，尤其对于存在身体疾病的人而言。人工除草、掩埋，选择共生的植物、合适的植物间距、整体的害虫管理措施，都能减少对化学药剂的使用。

第五，维持舒适的环境效果。医院花园的使用者用"有趣的、多样的、有人管理的"这样的词来形容花园，而没有出现"完美、杰出的审美品位"等。这说明，维护应该追求一种友好的、舒适的、受人欢迎的空间效果，而不是过分整洁的、完美的。

第六，保持花园开放。花园能被看见还设有座椅，但却锁着，这样的花园还不如没有。由锁着的门所产生的挫败感会加深新的造访者的压力，使其产生更多的情感消耗。那些被设计成可使用的花园应该保证其可以使用。

第七，增强维护过程中的可交流性。正如安贞医院那样，人们经常向园丁师傅请教各种养殖花卉的经验知识，这对于拉近人与人之间的关系是很有益的。

第八，包含便利性的储藏空间。花园中的储藏空间非常重要，它方便花园维护或实现特殊的功能及疗法。可以动的椅子、节日的装饰品、维护工具、治疗设备等都需要很方便地拿到。医院若缺少这样的储藏空间，会使室外操作疗法无法开展。

第九，建立抽烟区与非抽烟区。抽烟不仅在医院内部是禁止的，在一些室外空间也不允许，因为它会侵犯到其他人。鉴于一些员工、病人或探访者也许会想在医院抽烟，设置专门的抽烟区是很必要的。抽烟是一个敏感的问题，在哪里设计抽烟区需要和管理者讨论决定，并要配备相应的设施。

第十，设置电话以备紧急事件之用。在花园中，为方便人们在出现医疗突发事件及安全问题时寻求帮助，应该在入口附近设置电话。因为电话有时也用来进行私人谈话，所以它应该是有保护的，以便不被花园中的其他人打扰。

第十一，为想在户外消磨时光的员工配备寻呼机。使用医院花园的员工需要在紧急事件发生时能够联系得上。医院内部常用的扩音设备（广播）会破坏人们在室外享受自然所带来的康复作用。为员工配备寻呼机，可以在不打扰其他人的情况下被联系到。

5.2.6　医院外部环境用后评估与再建设

对于我国大部分的园林设计单位来说，医院外部环境经过方案设计、施工建设、完工验收，一般一年的绿化维护之后，工作就算完成了。然而，就医院外部环境的使用来看，这才刚刚开始。对其进行用后评估，有助于考察设计是否达到了康复景观的设计目标，是否符合设计的预期目标，这对于医院外部环境的管理维护、将来的改建，以及对新的设计等都有着重要的意义。

评估的标准可以参考第4章第2节的内容。比如，对于病人而言，医院外部环境是否能够满足其能力范围内的活动，并对使用者丧失的功能进行了一定的补偿；是通过哪种方式满足了这种目标：是保证安全还是促进独立性，是市内外环境的融合还是舒适的小气候环境，是明确的方位感还是熟悉的任务等。

用后的评估可以使我们发现设计存在的问题，不仅能形成对项目本身的评价，还对同类康复景观设计的目标、设计的导则等有重要的参考价值。

6 临终关怀花园

"人生如果是一本书，第一页跟最后一页应该要一样精彩。"安宁照顾也许无法延长病人生命的长度，却实实在在地延伸了病人生命的宽度，它舍弃的是高科技，得到的是病人最后一刻安祥的微笑[1]。目前，中国已经步入人口老年化的阶段，大量出现"空巢空庭"现象，临终关怀将成为社会的一种普遍需求。作为一门在医学领域新兴起的边缘交叉学科，它是以人类死亡的一系列问题为主题，为晚期病人及其家属提供的一种照护。

临终关怀的提出和兴起，是人类文明高度发展的产物，也适应了社会及人本身的需求。很多涉及社会、历史、文化的事件可以与个别的人没有关系，但是死亡与每个人都息息相关。生命是神圣的，而死亡是生命不可回避的终结。死亡所带来的恐惧积累了数千年，发展成人类共有的潜意识，以至于人们对待死亡的本能态度是逃避与否认。随着物质文明和精神文明的进步，死亡教育的开展，人们开始接纳死亡，对死亡的尊严予以认同，临终关怀被提出并越来越受重视，这是人类逐渐走向成熟的表现，符合人性本质与人道主义精神。

而自然的康复作用，在面对死亡事件的极端压力中显得尤为重要。对于绝症的无奈，对于死亡的束手无策，使得自然呈现出独特的治愈效果。临终关怀花园作为第一、第二自然的替代物，是城市居民的便利设施，为人们面对死亡的特殊阶段提供服务。它可以存在于临终关怀机构，也可以以主题公园的形式出现。临终关怀花园对其使用者的身心都有很好的康复促进作用。它可以使晚期病人生命最后的时光更加安宁与平静，帮助病人家属及亲友顺利通过悲伤期，促进医护及其他工作人员压力的缓解。

6.1 临终关怀花园简介

奥姆斯特德对于自然景观的康复作用有着独特的敏锐性，他指出，自然不知疲倦地为人们服务，提供运动的场所；使人平静又充满生机；它通过愉悦人的精神进而影响整个身心，使人们能够恢复精神，重新振作起来[2]。同时，1996 年对纽约癌症中心乳腺

---

[1] 王王. 新闻晚报 [N].2003-11-26.

[2] Kaplan，Stephen. The Restorative Benefits of Nature：Toward an Integrated Framework[J]. Journal of Environmental Psychology. 1995（15）：169-182.

癌患者的调查研究表明，在公园里散步，有利于集中注意力与缓解压力。每周在公园里散步 3 次，每次 20 ~ 30 分钟，被证明是一项非常有效的活动，它使得患者更快恢复，并能促进培养新的兴趣爱好[1]。

当生命接近终结时，医护人员、志愿者和家属会以一种完全不同的照护方式对待晚期病人。由于临终关怀工作者没有偏激的治疗观念，对于晚期病人来说，他们有足够的机会去体验自己喜欢的场所和活动，而不受医疗器械的束缚。一个花园的存在，即便是很小的一部分也比其他类型的复杂的医疗设施更加成功，它对于临终关怀中压力的缓解、个人的反思有着重要的作用。

研究表明，人们更愿意死在家里或者死在像家的环境中，所以大多数临终关怀院在设计时努力往居家的方向发展。花园能使人有家的感觉，或者拥有花园是人们理想的栖居模式，因此花园对于临终关怀机构比其他任何医疗机构都要显得更为重要。临终关怀花园的存在对于实现临终关怀、提高舒适度、缓解压力的目标是十分有利的。

6.1.1　临终关怀花园与临终关怀

临终关怀花园是为临终关怀服务的，是促进临终关怀更好地发挥作用的催化剂。而要探讨临终关怀花园，有必要对临终关怀做一个较为全面的了解。

临终关怀（Hospice Care），香港学者译作"善终服务"，台湾称为"安宁照顾"，是 20 世纪 60 年代在西方国家发展起来的一种新兴医疗保健服务项目。美国临终关怀专业策划组认为临终关怀是一整套照护方案，是有组织的医护保健服务。临终关怀具体是指帮助无法治愈的晚期病人了解并控制疼痛，给予情绪支持；同时帮助家属接受现实，进行心理疏导的一整套医护保健措施。美国临终关怀专家托马斯·威尔克（Thomas Welk）指出，临终关怀涉及生理、心理、社会和精神四方面，它充分体现了现代生物、心理、社会医学模式的特点[2]。

临终关怀有着独特的哲学观念，它提倡尊重病人，不盲目追求医学技术的突破，注重晚期病人及其家属心理的疏导及晚期病人症状及疼痛的控制。将死亡看成是任何生命必然的归宿，晚期病人有选择自然死亡的权利。对于晚期病人而言，环境的舒适性与普通医院中医疗设备及护理的技术性一样重要。

临终关怀的宗旨是尊重生命的尊严、濒死病人的权利，使晚期病人生命的品质得以提高，能无痛苦地安详地辞别人世。通过临终关怀，希望使那些暂停于人生旅途最后一站的人们从生理、心理上得到关心和照护，使其能够安宁、平静地度过余生。同

[1]　Relf, Diane. The Virginia Gardener Newsletter[J]. 1996（10），Number 3. Accessed July 10，2006.

[2]　http://www.ext.vt.edu/departments/envirohort/articles/misc/mtmte.html.

时对其家人及朋友给予慰藉和支持。

临终关怀的服务内容广泛，涉及医疗、护理、心理辅导、健康教育、社会支持等多方面的内容。服务方式呈现多样化、本土化的特点。英国以住院服务为主，包括全日住院和日间住院；美国采用家庭临终关怀服务方式居多，住院为辅；中国大多在医院的专设病区或病房中，独立的临终关怀机构较少，当然目前也有很多晚期病人选择在自己家中度过最后的时日。

临终关怀机构的核心服务包括：①姑息性医疗照护（palliative medical care），以有效地控制和缓解疼痛等不舒适的症状；②临终护理（nursing care for the terminal ill persons），经过培训的专职护士能够为晚期病人提供符合临终关怀要求的生活、技术及心理护理；③临终心理咨询（counseling in hospice care），通过心理咨询，促进晚期病人及其家属的心理"康复"；④社会支援(social support)，又称为临终关怀社会服务(social services in hospice care)，指的是在晚期病人去世前后，对晚期病人及其家属提供的社会支持，包括晚期病人接受照护时的各种社会支持，也包括晚期病人去世后一年内向其家属提供的居丧照护。

临终关怀的观念主要有三点：①坦然面对死亡；②用同情心对待濒死的人及其家属；③提供安适、有意义、有尊严、有希望的生活。

临终关怀具有以下几方面的特征：①临终关怀是一种特别的护理理念，它不以治愈率为目的，旨在为晚期病人及其家属提供舒适与支持；②临终关怀既不延长生命也不加速死亡；临终关怀机构的员工和志愿者提供专业的医疗护理，包括疼痛的控制；③临终关怀服务的目的是提升病人最后时日里生活的舒适度，给予其充分的尊重；④临终关怀护理由经过专门培训的群体提供，他们包括专业人士、志愿者和家庭成员；⑤临终关怀涉及具备所有症状的疾病，特别强调控制病人的痛苦及不适；⑥临终关怀涉及疾病对病人、家属及其朋友所形成的情感、社会和精神方面的影响；⑦临终关怀对晚期病人的家属在其去世前后提供各种丧亲辅导服务[1]。

临终关怀花园则是随着临终关怀运动而兴起的，它作为一项便利设施，辅助临终关怀实现关于缓和症状、减轻病人的痛苦的目的，提高晚期病人的生命质量及舒适度，使其家属的身心健康得到支持，同时帮助相关工作人员减轻压力、维持健康。

6.1.2　伴随临终关怀而发展的临终关怀花园

临终关怀花园的发展是伴随着临终关怀运动而产生和发展起来的，就世界范围而言，它的出现也不过二三十年的时间。目前临终关怀在欧美、日本、中国台湾地区发

---

[1]　http://www.hospicefoundation.org/choosinghospice.

展比较成熟，中国大陆刚刚起步，属于发展阶段。

1. 国外临终关怀花园的产生及发展

临终关怀（Hospice）一词起源于拉丁语 hospitium，意思是小旅馆、客栈、提供膳食住宿的地方，同时也包含主人对客人的热情。最初的"临终关怀"一词可以追溯到公元 4 世纪，罗马的 Fabiola 女士在自己家中划出一部分区域，为饥渴者提供食物，为贫困者提供衣服，同时照护贫穷的晚期病人。中世纪的临终关怀多与宗教结合，许多修道院为朝圣者、无家可归者、患病者及濒临死亡的人提供服务，促进其身体与心灵的舒适，不少贫病者在这里告别人世，可以认为修道院的功能包含临终关怀的内容。在那时，对于晚期病人的照护只是临终关怀的多种功能之一。在这一阶段临终关怀发生在医院，临终关怀花园也发展成为一种独特的康复景观，属于普遍意义上的康复景观。

第一个专门为晚期病人服务的机构是 1879 年由爱尔兰姐妹慈善组织创建的圣母玛利亚护理院。1906 年英国的姐妹慈善组织在伦敦建立了圣约瑟夫临终关怀院。以圣卢克济贫医院及圣约瑟夫收容院在英国的建立为代表，为晚期病人提供服务已经演变成临终关怀的主要功能。临终关怀作为一个现代话题，在 20 世纪，特别是二次世界大战后，被赋予了更多的时代意义。1967 年桑德斯博士在英国伦敦创建的圣克里斯多弗临终关怀院（ST. Christophers' Hospice）被认为是世界上第一家现代临终关怀机构，也是现代世界临终关怀服务的典范，它使得生命垂危的病人在人生旅途的最后阶段能够满足、舒适地度过。桑德斯博士因其突出的贡献，被国际学术界誉为"点燃世界临终关怀运动灯塔的人"，她发现并填补了现代医疗保健服务体系和医疗保健专业教育中的一个很大的空白[1]。在圣克里斯多弗临终关怀院的带动下，临终关怀服务首先在英国迅速发展起来。到 20 世纪 80 年代中期，英国拥有 600 多所各种类型的临终关怀机构，其中有 160 多家独立的临终关怀院。

临终关怀花园随着临终关怀事业的独立而发展起来，为临终关怀服务。圣克里斯多弗临终关怀院的临终关怀花园，也成为世界各地前来参观学习的人士必到之地，受到人们的喜爱。它是晚期病人的天堂，家属的疗伤地，员工的避风港，同时也是一粒临终关怀花园的种子，随着学成远去的各国学者、官员在世界各地生根发芽，生长繁衍。

在圣克里斯多弗临终关怀院之后，世界上许多国家和地区相继开展了临终关怀服务的理论和实践研究。美国、法国、加拿大、澳大利亚、新西兰、芬兰、德国、日本、韩国、新加坡等 60 多个国家和地区加入了临终关怀运动。临终关怀机构如雨后春笋般遍及五大洲，目前仅英国就有临终关怀院 273 所，而美国已有 2000 余所，志愿者有 8

[1] 史宝欣. 生命的尊严与临终护理 [M]. 重庆：重庆出版社，2007：14-20.

万人之多,每年接受临终关怀服务的患者和家属达14万人[1]。在这些日渐壮大的机构中,只要有机会,人们都会想方设法建立临终关怀花园。这些临终关怀花园经常是靠募捐建设起来的,有时其设计施工的整个过程都是由社会各界的志愿者完成。

随着家庭临终关怀事业的发展及临终关怀教育的推进,临终关怀花园突破临终关怀机构的围墙,走向公共绿地及公共设施附属绿地。

2. 中国临终关怀花园发展的尴尬与曙光

20世纪80年代后期临终关怀被引入中国,1988年天津医学院临终关怀研究中心建立。随后,临终关怀医院、病区或护理院相继在上海、北京、安徽、西安、宁夏、成都、浙江、广州等省市建立。目前我国包括香港和台湾的30个省、市、自治区,除西藏外,各地都纷纷创办了临终关怀服务机构,已有临终关怀医院100多家,数千人在从事临终关怀的工作[2]。据报道,截至2003年3月,全国接受临终关怀服务的案例已超过8000例。比较有名的如北京松堂医院、朝阳门医院临终关怀病区、天津医科大学临终关怀研究中心附属的临终关怀病房、上海南汇护理院、南京鼓楼安怀医院、浙江义乌市关怀医院、沈阳中国医科大学附属中心医院的临终关怀病房等。

在临终关怀事业蒸蒸日上的背后,隐藏着发展初期的艰辛,人们观念上的阻力及资金的窘迫,共同影响着临终关怀在中国的发展,使临终关怀花园处于尴尬的境地。

北京松堂临终关怀医院初期因为资金紧张,先后经历七次搬家;在20世纪90年代初搬迁时,遭到社区群众的坚决抵制,他们认为这是一家"死人的医院",都是晦气,会影响财运。昆明市第三人民医院关怀科的马克医生说:"资金缺乏是困扰我们事业发展的最大困难。[2]"2008年2月广州市老人院临终关怀大楼建成,拥有宽敞坚实的建筑和良好的室外环境,但仅因为大楼的名字带有"临终"二字,老人拒绝入住。

以上都是我国临终关怀事业发展中出现的状况,反映出我国临终关怀发展中的窘境。

首先,对于临终关怀人们存在观念上的阻碍。由于中国固有的"家"观念的影响,人们更接受"养儿防老"的方式,认为住进临终关怀机构是儿女不孝的体现。在我国部分地区的观念中,认为家作为生命的归宿地是一种更好的选择,无论病人还是病人的亲属,都对临终关怀机构带有抵制思想。同时,由于死亡教育在我国尚未普及,人们从心理上对"临终"一词持普遍的排斥心态,对临终关怀,以及一些对应的名词,如安宁院、宁养关怀等都不太接受。另外,还存在一些封建迷信的思想,如松堂搬迁遭抵制时遇到的情况。

---

[1] http://www.lzgh.org/wendang/lzgh/2028.html.

[2] http://www.lzgh.org/wendang/lzgh/2028.html.

其次，资金短缺是经常遇到的问题。对临终关怀事业，国家目前没有正式的政策或经济的支持；人们接受临终关怀服务时，也没有与医疗保险建立良好的关联。这使得，一方面，由于临终关怀机构服务对象的特殊性，使得其盈利普遍低于普通的医院、疗养院，很多临终关怀机构处于自我维持的边缘。另一方面，医疗保险的不完善会成为一些人接受临终关怀服务的阻力，使原本就存在观念陈旧影响而不被接受的临终关怀，更加难以在人民群众之中推广。

我国临终关怀的窘境，导致了临终关怀花园的尴尬。首先，从观念上看，人们对临终关怀本身的不认同，使得临终关怀花园的存在显得没有必要。一个人们都不接受的事物，还要给它配备花园，这从一般的逻辑上是不通的。其次，在资金短缺的情况下，临终关怀机构疲于维持经营，有限的资金一般都会首先应用于建筑、人员、必要的设备上，很少有能力考虑临终关怀花园的建设，或者对其投资预算一再缩减。也是这样的原因，导致目前我国许多临终关怀花园的建设发展状况不佳。而事实上，如果给医疗机构的康复景观排个优先建设的顺序，临终关怀花园应该排在首位。临终关怀花园对于使用者身心的积极作用，使临终关怀花园的存在十分必要。一所临终关怀花园不用过分烦琐，也许仅仅一座简单的小菜园或者长满野花的小园子，都会有利于病人及其家属的健康。这种现实与需求的矛盾在我国目前有着突出的反映。

然而，社会总是不断发展的，随着人们更加全面地认识"死亡"，人们的观念会有所转变，政府对临终关怀事业越来越重视，社会的热心人士也越来越关注临终关怀。这为临终关怀事业带来了希望，也为临终关怀花园的发展带来了曙光。

北京松堂临终关怀医院已在管庄落户，有了自己的院所，并且志愿者队伍庞大，来自国内外 200 余所大中专院校和社会团体，人数达到 7 万之多（图 6-1）。台北护理学院开展关于死亡课程的教学研究，并于 2004 年建立首座悲伤疗愈花园；在此基础上，在各级学校指导开展"悲伤疗愈花园"。广州市临终关怀大楼拥有 5 个屋顶花园，总面积约 200 平方米，屋顶花园中有鲜花、鸟儿，并配有轻音乐，是一个规划很好的临终关怀花园。

图 6-1 松堂的外部环境与文化生活

在目前中国的现实状况下，理论研究应该走在前面。较为科学合理的设计指导，能够为现在具备建设条件的，以及将来可能建设的临终关怀花园提供设计的依据。笔者相信在不久的将来，伴随临终关怀事业的进一步发展，临终关怀花园的建设会日趋完善。届时，会有对临终关怀花园理论的大量需求，这也是本研究的价值所在。

6.1.3 临终关怀花园的使用者

与其他类型的康复景观相比，临终关怀花园的使用者既有相同性，也具有一些特殊性。其相同点在于，临终关怀花园的使用者包括病人、探访者与工作人员，其特殊性在于临终关怀花园的使用者为晚期病人，探访者系具有固定性、长期性的亲属，而工作人员则具有复杂性。

1. 病人——晚期病人

纳入临终关怀照护的病人均为已经没有治愈希望的绝症患者，他们多数人的生命仅剩余六个月以内。

从年龄构成看，虽然晚期病人不局限在某一个年龄阶段，可以包含各个年龄阶段的人，但从生命规律看，晚期病人以老年人居多，且绝大部分临终关怀病人的年龄超过65岁。从疾病构成看，晚期病人可能是患各种疾病的人，其中大部分系癌症患者，同时也包括肺疾病、心脏病、神经紊乱、阿尔茨海默病和艾滋病等疾病的患者。根据1997年统计结果，在香港，全社会有45%的癌症病人获得临终关怀服务，他们占了临终关怀服务对象的90%。从病人身体状况看，临终关怀花园使用者的身体状况比较复杂，有的患者可能因为多种急、慢性损伤，或疾病致的心、肺、肾等多器官功能衰竭；有的患者可能因为晚期癌症或者其他疾病伴随着强烈的疼痛，身心陷入极度痛苦之中；同时，面对死亡，患者除了生理痛苦之外，往往会伴随着心理与精神的多重失控。

对于晚期病人而言，临终关怀的目标有：减缓控制疼痛、消除内心冲突、复合人际怨怼、实现特殊心愿、安排未竟事务及向亲朋好友道别等。

2. 探访者——亲友

探访者主要是晚期病人的家属及亲朋好友。相对于其他医疗机构中的探访者，临终关怀机构的探访者具有相对的固定性、长期性，其劳动强度更大，同时由于要应对死亡事件，他们实际面临着身心的双重挑战。

亲友是临终关怀项目中最基本的照护者，他们可能是晚期病人的生活伴侣、亲人或者朋友。在临终关怀项目中，他们需要经过训练，与工作人员紧密合作，帮助晚期病人进行吃饭、翻身、管理药物，监控病情的改变等。其工作烦琐无趣，有时需要通宵达旦，是比较辛苦的。同时，晚期病人的家属经历着即将丧失或者已经丧失亲人的痛苦。在所有临终关怀项目中，晚期病人的家属与晚期病人本人一起，成为所有照护过程决策的中心，因此构成了临终关怀小组的核心。各种"应激源"使得晚期病人亲友的身心健康都受到威胁。

临终关怀试图通过各种措施，帮助晚期病人的亲友。志愿者可以分担亲友的照护工作，使其有时间外出办事或者到周边的花园散散步、透透气。同时临终关怀的工作人员可以帮助亲友度过悲伤期，使其能够承受住"丧失"的打击，接纳"丧失的自我"，以适应新生活。

3. 工作人员

与其他的医疗机构不同，临终关怀机构由于其服务对象的特殊性，其工作人员比较复杂，可能由以下几部分人员构成：承担疾病治疗职能的医生、护理人员；承担康复职能的营养师、物理治疗师、药师；承担心理治疗职能的心理学家、宗教人员；承担社会职能的社会工作者、志愿者等多种人员。上述人员组成一个团队，共同服务于晚期病人及其家属。

临终关怀的员工经过专门的培训，他们和病人及其亲友一起制定个人的照护方案，尊重病人的意愿，帮助其与家庭成员沟通。当亲人去世时为晚期病人的亲友提供丧亲服务，或称为哀伤处理（Bereavement）。他们一周7天，每天24小时提供服务。

在香港，临终关怀机构的护士被称为"握手护士""握手姑娘"，受到人们的尊重。

志愿者是临终关怀项目中数量巨大且特色鲜明的工作人员。对志愿者的培训是临终关怀的一部分。美国总共有46万志愿者，每年有超过9.5万的志愿者参与到临终关怀的事业中来，他们每年能提供超过500万小时的照护服务。他们的存在使得临终关怀不仅仅是一个医疗事件，也是一个人文关怀的过程。事实上，美国联邦政府的法律要求，如果晚期病人接受医疗保险或者加入了医疗补助计划，护理实践中至少有5%的工作应该由志愿者完成。临终关怀中的志愿者通过照护在人生最后时刻的病人，能够得到人性的满足、智力的启迪和情感的充实。很多志愿者是在有家人去世后被介绍加入临终关怀项目的，但也有近20%的志愿者是没有任何经验的。志愿者们一致认为，通过临终关怀帮助晚期病人，是一项不是关于死而是关于生的事业。不管你住在哪里，当地的临终关怀组织都有志愿者的需求。参与者可以是青少年也可以是老年市民。一些临终关怀的服务需要限定志愿者的最小年龄。当志愿者的机会会随临终关怀项目的不同而有差异，然而，所有的临终关怀项目都在争取巧妙地调配时间与人员，以满足各种服务需要。一些志愿者也许具备某些专业的或者独特的技能，而大部分人则只是具有帮助他们的朋友、邻居等其他人的热忱。志愿者的工作主要有以下几种类型。

（1）支持病人。这包括主动拜访、读书读报、散步、写信、播放音乐、照看宠物，如果可能的话进行按摩。

（2）支持晚期病人的家属，使其可以稍事休息。志愿者可以帮着购物、购买日用品；或者使家属可以进行必要的外出，能够有时间离开。家属对于富有同情心并且对自己的状况有所了解的朋友拜访是很感激的。

（3）帮助照看孩子。这可能包括当临时的保姆，接送孩子上学或者接送孩子去参加俱乐部聚会、体育比赛或者练习等。

（4）丧亲支持。志愿者和专业人士一起提供丧亲服务，工作的范围从服务茶点到帮助给客户或者家庭成员发邮件等。

（5）筹款和行政工作。有着书记员技能的志愿者可以帮着进行办公室简单的行政管理工作。筹款的职责包括从邮寄信件到答谢筹委会，再到联系可能的募捐人等。

为了确保志愿者具备能力迎接与死亡相关的工作的挑战，临终关怀要求志愿者完成广泛的定位与培训，提交常规的背景资料。志愿者了解临终关怀的历史及当地临终关怀工作的特殊方式是很重要的。依据服务区域的不同，额外的训练也许是必需的[1]。

6.1.4　临终关怀花园的类型

临终关怀花园可以依附于独立或者半独立的临终关怀机构，也可以脱离临终关怀机构在其他类型的绿地中以主题公园的形式存在。

就临终关怀机构而言，主要有以下三种类型：①独立的临终关怀服务机构；②隶属医院或其他医疗保健机构的病区或单元；③家庭临终关怀服务机构。

独立的临终关怀服务机构在西方发展较快。美国有 1700 多所临终关怀机构，其中独立的临终关怀院占 41%，英国占 23%。李嘉诚资助了中国大陆 20 家安养院，主要是居家的临终关怀形式[2]。

1. 独立的临终关怀院所对应的临终关怀花园

独立的临终关怀院有不同的类型[3]。

（1）住院部（Hospice Inpatient Units）。追求病房"家庭化"，除室内装饰家庭化外，室内的绿色植物及室外的自然环境也是"家庭化"的具体举措。世界上较为成功的住院部规模多为中小型，病人床位一般为 30 ~ 60 张，超过 100 张的很少，也就是说晚期病人较为合理的人数是 30 ~ 60 人。这样的人数使得临终关怀院能保持舒适、宁静的环境气氛。病房的规格多样，单间、双人间、三人间到八人间都有布置，以满足不同病人及家属的需求。

（2）日间临终关怀部（Day Care Center）。日间照护是近年发展起来的一种临终关怀服务，它为晚期病人及其家属提供了新的选择，基本方式有以下两种：①"周末型"，晚期病人每周有两个白天在日间临终关怀部，其他时间在自己家中；②"平日型"，接受这种服务的晚期病人，白天由家属或者志愿者送到平日临终关怀机构，晚上被接回家。晚期病人在平日型服务部一般是上午接受医生和护士的检查、治疗，下午进行各种活动。

---

[1]　http：//www.hospicefoundation.org/patientsan.

[2]　孟宪武 . 优逝 [M] . 杭州：浙江大学出版社，2005：12-16.

[3]　史宝欣 . 生命的尊严与临终护理 [M] . 重庆：重庆出版社，2007：46-52.

从医院的尺度及与医院的关系来看，克莱尔·库珀·马科斯在《Healing Gardens》中引用凯瑞（Carey）的研究，指出独立的临终关怀院包括以下三种类型。

（1）大型的，专门为晚期病人而建的临终关怀机构。这类临终关怀院常与大医院毗邻，有的和医院共享一个名字，以利用大医院的品牌效应。一部分医护人员，尤其是医生是共享的，能够实现资源的最大化利用。

（2）中等尺度的，专门为晚期病人而建的非隶属于医院的临终关怀机构。这类机构的建立与改造的资金往往通过社会募捐得到，需要大批的志愿者来提供服务。

（3）中等尺度的，通过改建而成为独立建筑的非隶属于医院的临终关怀机构。通过改造的临终关怀机构比较常见，它们往往尺度不大，更有居家的气氛，较少让人联想到大型的医疗建筑。

临终关怀机构类型的不同，产生出尺度、设置、特征不同的临终关怀花园。根据克莱尔·库珀·马科斯的研究，依附于临终关怀机构的花园在尺度、位置及与建筑的相互关系上有着很大的不同，主要有以下几种类型：广阔的中心绿地，如美国弗吉尼亚州阿灵顿的弗吉尼亚安宁院；被围墙围合的后花园或庭院；拥有广阔视野的后花园或者庭院，往往使用借景的手法；前花园或者庭院，为创造私密的环境而设计；自然或者人工景观中环绕建筑的散步道；被建筑围合的天井；屋顶花园；有种植的平台；私人露台或者靠近私人房间的花园。

2.附设的临终关怀服务机构所对应的临终关怀花园

附设的临终关怀服务机构（Institution Based Hospice Unite），也叫机构内设的临终关怀项目（Provider Based Hospice Program），它们往往隶属于医院、护理院、养老院、社区保健站等保健服务机构，设置专门的临终关怀病区或病房，成为相对独立的单元。由于投资少、批报手续简便的原因，这种类型的临终关怀机构相当普遍。美国近2000家临终关怀服务机构中，30%设置在医院里；近年来我国各大城市建立的临终关怀服务机构，多属于这种类型。它们往往与医院其他地方有不一样的室内设计，更加注重居家氛围。

这种临终关怀机构中的临终关怀花园常常与医院外部的医疗花园有交叉，有的医院外部环境兼具临终关怀的功能，有的在毗邻临终关怀单元的部分开辟单独的区域作为临终关怀花园。

3.家庭临终关怀服务机构所对应的临终关怀花园

家庭临终关怀（Home Care），也叫居家照护，指晚期病人在自己家中接受以家属为主的日常照护，由家庭临终关怀机构的工作人员对晚期病人及其家属进行常规性的探访与支持。

它以两种方式存在。

一种属于独立机构，是"社区病床"的一种类型，面向社区的临终关怀院一般都包含家庭临终关怀部，在美国这种方式占总体临终关怀服务人数的 80% 左右。如美国专门提供家庭临终关怀服务的爱荷华州中部临终关怀院（Hospice of Center Iowa）。

另一种方式是各种临终关怀机构的分支，以家庭临终关怀部或团队的形式存在。

家庭临终关怀服务机构承担着大量的临终关怀工作，在世界范围内应用最为广泛，可以提供每周 7 天，每天 24 小时的临终关怀服务。

家庭临终关怀服务的存在，要求社区应当考虑相应的以临终关怀为主题，或者能够为临终关怀服务的花园。这决定了临终关怀花园的社区化倾向，使其从独立的临终关怀院的围墙中走出，渗入到社区等公共环境中来。

4. 其他类型的临终关怀花园

临终关怀花园也可以不依赖临终关怀机构，以主题公园的形式而存在。它服务于面对死亡及死亡事件发生后一年左右的时间段里的特殊人群。可以是独立的公园，可以是公园的一个特定区域，也可以是除医疗机构之外一些机构的附属绿地。如台湾的悲伤疗愈花园，即是在台湾护理学院生死教育与辅导研究所倡导下修建的临终关怀花园。

6.1.5　临终关怀花园的特点

临终关怀花园地点不同，花园在尺度与元素上可能存在很大差别，然而为同一主题建设的花园，有其自身固有的特点，这构成临终关怀花园区别于其他类型花园的主要特征。临终关怀花园旨在提高晚期病人的生活质量，促进病人家属的身心康复，缓解医护人员的工作压力。通过自然环境激发良好的情绪，进而促进康复、维持健康，是临终关怀花园设计的首要目的，这不受具体项目中个别因素，如尺度与预算等的影响。

1. 主题性

临终关怀花园围绕"死亡"这一特殊事件展开，主题鲜明。

与死亡有关的事件，包括晚期病人自身面对死亡的身心历程。在身体上，除了疼痛与不适外，在将死的时候，感官会发生一系列的变化，产生幻觉或错觉。有时他们会误解周边环境的信息，比如风声也许会让他们以为有人在哭，角落的光会让他们觉得有人站在那里。在心理上，可能要经历否认期、愤怒期、协商期、沮丧期和接纳期五个阶段。儿童、青少年、中年人、老年人及急性创伤病人和慢性疾患病人面对死亡有不同的心理特征。而即便即将死亡，所有晚期病人的心理需求依然符合马斯洛需求层次理论，从低到高分别是生理需求、安全感的需求、情感与归属的需求、尊重的需求和自我实现的需求[1]。临终关怀花园能够减轻病人的疼痛感，促进晚期病人尽快度过

---

[1]　赵玲，陈海英 . 临终关怀 [M] . 北京：中国社会出版社，2010：7-14.

否认期、愤怒期等，尽快达到接纳期，有助于提高晚期病人的舒适度，使其达到身心的平和状态。对于处于临终期的老人而言，心理上的关怀比身体上的护理要更加重要，他们更需要被尊重，需要参与社会并被社会认可。也正是因为这样的原因，过早把晚期病人放在四面水泥墙的屋子里，把他们禁闭起来，让其等待生命的终结，这显然是不可取的。

对于晚期病人的亲友而言，面对死亡，可能会出现震惊、不知所措、情绪反复无常、内疚罪恶感、失落与孤独、解脱、重组生活的心理历程。失去亲人后家属大约会有一年的悲伤期，在这一年中一般会经历麻木、渴望、颓丧、复原四个阶段。对病人家属的情绪支持，可以包括陪伴和聆听、协助哭出来、协助表达愤怒情绪及罪恶感、协助建立新的人际关系、协助培养新的兴趣、鼓励参加各种社会活动等。在这一过程中，很多行为可以在花园里发生，如陪伴、聆听、建立新的人际关系、培养新的兴趣、参加社会活动等；同时，花园中自然元素本身也有利于晚期病人家属身心压力的缓解。同时，花园为家属及亲友提供了一个能够独处或与其他人交流的场所，使他们处于一种非刻意的远离病人及悲伤的状态，这是有利于亲友身心康复的。

相对于晚期病人及其家属，死亡事件对于工作人员是相当频繁的，他们可能会出现精神、心理、情绪方面的多种问题，巨大的工作压力会影响其本身的健康及工作的质量。花园对于他们的压力缓解及注意力恢复都有着良好的促进作用，有助于其健康的维持及工作效率的提高。

由于面对死亡主题，临终关怀花园应该拥有足够的自由气氛，创造具有神圣与激发性的环境，以促进人们对于生命的觉醒。

因此，在花园设计中一般会涉及纪念性或者宗教性设施。在休斯敦临终关怀花园中，人们可以把已故亲友的名字、寄语等刻在石头上，摆放在花园中，以表达思念与悲伤。

2. 阶段性

除工作人员外，对于晚期病人及其亲属而言，临终关怀是一个独特的时间段，晚期病人的寿命一般在 6 个月之内，其亲友的悲伤期大概为 1 年左右。

英国圣克里斯多弗临终关怀院晚期病人的平均生存天数是 18.1 天，北京松堂临终关怀医院中，晚期病人的平均住院时间为 31 天。在人的一生之中，这短短的几十天，即便满 6 个月，时间也是非常短暂的。然而对于晚期病人来说，这是人生的最后时光，但身体不适；对于其家属来说，身心处于高度疲惫与紧张的状态，因此，都使得这看似短暂的时间段，显得尤其的漫长而且特别。在晚期病人去世后，家属往往要度过一段时间的悲伤期，这不同于人生的其他时段，在心理上有一系列变化，有着显著的阶段性。

临终关怀服务是以晚期病人及其家属为核心展开的，基于以上阶段性的特征，临终关怀花园尤其要注重材料的耐久性与自然元素循环性的搭配使用。材料的耐久性使得花园中有些元素看上去不会那么短暂，能让人联想到长寿、永恒；自然元素的循环性，尤其如植物的季节性变化，能帮助人们建立死亡是一种正常的自然现象的理念，有助于树立平和的死亡观，促进晚期病人坦然面对死亡，帮助家属顺利度过悲伤期。

3. 家庭化

调查表明，绝大多数人希望死在家中；心理学家提出，人们在熟悉和可理解的环境中会感到舒适[1]。因此，独立与附设的临终关怀机构都追求居家式的氛围，很多临终关怀院提供厨房、餐厅、供孩子们玩耍的地方等，与这些设施所配套的室外环境是非常受欢迎的，如餐厅外的室外就餐露台、儿童嬉戏的室外活动场地等。

临终关怀医院的病房努力追求"家庭化"的特点。家庭化气氛的追求，使得临终关怀花园追求庭院的风格。美国临终关怀组织对 50 家临终关怀院住院部的调查显示，其"家庭化"的举措中包含花园式庭院，以使晚期病人可以进行室外活动和日光浴；在庭院中，有专门用于交谈的区域，也有供人沉思的地方。

在尺度上，庭院化的花园一般偏小，没有城市公园般的宏大，多数是与住房相匹配的尺度；当然，如果临终关怀花园场地较大，对于花园本身是十分好的事情，在这种情况下，为追求家庭化的气氛，经常会对大空间进行再划分，划分成若干或者创造出局部尺度适宜的庭院空间。庭院在不同国家与不同时代有着显著差异，美国与中国的庭院不同，古代与现代的庭院也不同，应该选择哪种类型的庭院取决于临终关怀项目所在的地区、所服务的人群。

4. 隐喻手法的使用

自然能使人感悟人生，正确对待死亡，这一作用机制的发生，多与隐喻相关，因此隐喻手法在临终关怀花园中经常被运用。

英文单词 metaphor（隐喻）出自希腊语 metapherein，有继续、转换的意思，它是一种比喻的表达方式，把两个有相似性的事物进行创造性的联系。隐喻在心理学领域有着广泛的应用，例如精神病学运用隐喻开展说故事治疗（therapeutic storytelling），进行精神分析等。对于临终关怀花园的使用者，隐喻可以是个体重新审视世界与传达内在情感的一个通道，也可以是工作人员协助个体的一种谘商手段。隐喻有模糊的特征，个体可以回避直面死亡的痛苦，而在一个安全的距离外谈论与接触死亡这一事件；同时隐喻也有贴近的特点，它可以帮助抒发情绪，或者由容易接近的参照物（比如自然）出发，产生新的觉察与体会，通过隐喻对自己与自身的困境萌发更深的领悟，进而找到出路。

[1]　孟宪武. 优逝 [M]. 杭州：浙江大学出版社，2005：10-12.

台湾学者黄士钧和李俊良对隐喻谘商做过较多的研究，指出隐喻主要有以下三方面的作用。

（1）以新的角度联结人、事、环境

1966年心理学家Lenrow提出原创性的见解，指出隐喻能够促使个人发生建设性的改变，一些被忽视的部分容易被强调，在不同事物中找出共同的核心，使人与环境呈现互动的状态。这无论对于心理咨询师还是受照护的个体，都是十分有益的。

（2）以既有的经验转化受困经验，催化改变的产生

隐喻能够催生心理位移，促使个人同时意识到受困经验与隐喻经验的种种内涵，当个人能够以旁观者的视角观看相联系事物的相似性时，困境的出路也会被发现。

（3）隐喻能够提供心理工作平台，使个人完成从觉察到改变的过程

隐喻能够提升觉察的媒介，从新奇有趣的角度或者一种特别沟通的渠道，展开与自我的有效对话，从而促成信念上的改变。

自然界里，鲜花的怒放与枯萎，叶子的萌生与凋落，无不揭示着生与死是一切生命的正常过程；水流的不同形态，从涌动的喷泉到高低起伏的小溪，从流动的河流到平静的湖面，也可以映射出悲伤到平静的心路历程。隐喻还可以借助其他手段，以丰富而有创意的形式在花园中展开。它使得死亡变得自然而不那么令人恐惧，悲伤也是人们正常的情绪而不该被压抑，这对使用者身心的康复益处良多。

6.1.6　临终关怀花园的功能

1. 愉悦感官的物质元素

克莱尔·库珀·马科斯指出，在独立的临终关怀院中，临终关怀花园可以作为临终关怀建筑与外部世界的缓冲，同时也是一种可从室内向外观看的康复性环境。它将城市的喧嚣或者使人有畏惧感的自然等令人不悦的元素阻挡在视觉甚至听觉范围之外，以保证临终关怀机构整体环境的相对独立性。同时，花园里的各种自然元素所产生的缤纷色彩、悦耳声音、芳香气味、细致触感等，能够刺激人们的感官，通过恰当的设计，起到愉悦身心的作用。很多晚期病人只能卧床，窗外的自然所传达的讯息，对于他们而言是十分重要的。同时，晚期病人的感官有着不同程度的退化，对于视觉元素的特殊化处理，对于除视觉之外其他感官要素的考虑，对临终关怀机构中的使用者而言都有特殊的意义。

2. 康复治疗的物理场所

临终关怀花园可以是康复治疗的物理场所。这里所说的康复对于晚期病人而言，并非身体上的康复，而是心理上的康复，主要使其经历直面死亡所带来的心智上的康复；对于家属指的是身心上的康复，使其从疲惫的状态及悲伤中尽快康复；对于医护等

工作人员而言，主要指压力的缓解，是对健康的一种促进。

临终关怀花园提供了一个可以产生很多行为、包含很多内容的场所。家属及员工可以把病人推出去享受阳光与自然的气息；员工、家属及其朋友可以散步缓解压力；同时也可以进行有目的、有组织的各种治疗。

心理学理论认为，创造性的活动可以有助于减轻晚期病人的焦虑、抑郁和压力，加强他们的自我控制能力，减少他们对家庭、朋友、治疗小组的依赖[1]。在临终关怀花园中展开各种创造性的治疗是十分有益的。

作业治疗中的园艺疗法，对于一部分的晚期病人及其家属而言，也许是一种很好的度过时光的方式，其中所带来的成就与惊喜，可能会产生意想不到的疗效。

一部分心理作业治疗、认知作业治疗及娱乐活动可以在室外花园中展开。如台湾护理学院的悲伤疗愈花园中，经常举办心理谘商活动，有专门的区域设置桌椅，供人们进行交流；同时，在自然中的心理治疗活动丰富多彩，通过隐喻，借助独特的装置及自然元素，对心理中的不良情绪进行疏导，如制作思念泡、祝福瓶，或者通过花园中的花瓣、叶片、石头、沙子等自然素材，展开形式多样的心理辅导。

其他治疗手法也可以在室外花园的自然环境中实现，如音乐治疗、艺术疗法等。这些疗法在临终关怀花园中开展，有利于最优康复效果的产生，实现整体性、综合性的优势，促进使用者情绪的好转，形成良好的心态，进而实现身心的康复。

3. 调节心理状态的积极环境

临终关怀花园相对于建筑而言，作为绿色、居家设施而存在，它使得人们联想到自己的家或者理想中的家，能够促发亲切、温暖的心理感应。

就像有些临终关怀机构在室内设置尖叫室一样，某些临终关怀花园可以为有这种需求的人，尤其是一些孩子们提供一个可以宣泄的场地。

同时，临终关怀花园也可以提供冥想空间，或者花园本身就是为冥想而设计的。在很多国家，冥想都用来治疗悲伤，帮助人们面对死亡。很多冥想花园为了神圣的宗教仪式而设置。

临终关怀花园也可以承载人们的宗教寄托，有些花园中设置小型的教堂或者祈祷的场地，以满足举行神圣宗教仪式的需求，或者仅仅给人们一种心理上的安慰。

4. 公共活动的室外场地

临终关怀提倡进行多种社会性的公共活动，以丰富晚期病人的生活。如圣克里斯多弗临终关怀院经常会组织音乐会、各种展览（艺术作品展、手工艺品展）等。这些活动在花园中举行受到很多人的欢迎。

---

[1] 史宝欣. 生命的尊严与临终护理 [M]. 重庆：重庆出版社，2007：215.

同时，临终关怀花园可以为每年的筹募基金活动提供场地，组织者可以在花园里募捐、筹集善款。也有的临终关怀花园通过收费开放，自身产生经济价值，如圣克里斯多弗临终关怀院定期举办花园开放节，进入花园收取一定的门票，所得收入用作临终关怀的资金。

临终关怀花园也可以成为群体纪念性聚会的场所。在某些特殊的节日，如母亲节举行各种形式的活动，以排解人们的思念与悲伤等。

5. 特殊时期的可选择环境

由于人们亲近自然的天性，有些病人并不希望死在四面围墙的房间中，临终关怀花园为病人提供了一个可选择的死亡场地，这对于某些人是很难得的。

同时，花园也为家属及员工提供一处可以度过丧亲阶段的场所，自然环境中的颜色、气氛甚至空气都有很好的疗愈的作用，能够帮助人们尽快走出负面的情绪。

值得指出的是，并非所有的临终关怀花园都能发挥以上全部的功能，依据临终关怀花园的规模、投资，所在的地点，主要服务人群的差异等，它能发挥不同方面的作用。

6.1.7 临终关怀花园与其他康复景观的关系探讨

对于临终关怀花园与其他类型的康复景观之间关系的探讨，是笔者对临终关怀花园概念的进一步辨析，这一思索的过程是更加清晰地认识临终关怀花园内涵的过程，这对于临终关怀花园理论的进一步研究及实际的建设都很重要。

1. 临终关怀花园与康复景观

临终关怀花园是康复景观的一种特殊类型。

临终关怀的目的不是康复和治愈，但对于晚期病人来说，也是需要康复治疗的。"临终康复治疗是指在充分考虑病人躯体、精神心理、情绪、社会和经济能力的前提下，促使晚期病人在疾病或残疾的限制下最大限度地发挥其功能的过程"。"躯体康复主要是指当晚期病人所患的恶性疾病造成的并发症导致躯体性功能的减退或丧失，则通过适当的康复治疗能将并发症的影响降到最小的过程"。[1] 临终关怀花园为这种康复目的而服务，是康复景观的一种。

晚期病人不同于普通病人，这使得临终关怀花园相对于其他类型的康复景观具有特殊性。自然对于晚期病人的身心有很大的影响，甚至比对一般的病人要更加重要。因为对于晚期病人而言，生命结束是不可逆转而且近在眼前的，在无能为力的情况下，一个临终关怀花园的存在，可以带来安宁、平静等精神上、心理上的积极影响，有助于良好情绪的产生，这有助于晚期病人达到身体与心理上的舒适，对其生命质量的提

[1] 史宝欣. 生命的尊严与临终护理 [M]. 重庆: 重庆出版社，2007: 118-119.

高有着重要的意义。

临终关怀花园对于晚期病人的家属、亲友，以及医护人员来说具有常规意义的康复作用。自然帮助说所推崇的压力缓解理论，使得临终关怀花园能够像其他类型的康复景观一样，起到促进康复的作用。同时，由于死亡是一种极端事件，足以形成应激源，它所产生的压力及带来的心理上的冲击是与一般病人的亲友及工作人员所不同的，这也使得临终关怀花园的独特性得以彰显。

此外，临终关怀中包含大量的志愿者，这些志愿者不是一般意义上的医护人员，也与病人没有血缘及朋友关系，是其他康复景观中所没有的独特的一类使用人群。很多志愿者参加临终关怀是以感悟人生、丰富人生，或者寻找寄托、缓解思念等心态而进行的，花园对于他们而言，如果能具有丰富的"意义"是很受欢迎的。

2. 临终关怀花园和医院外部环境

临终关怀花园与医院外部环境可以是平行对等的两种康复景观，也可以互相交融，以整体的面貌服务于人。这里所说的医院外部环境是狭义的概念，指的是医院附属园林绿地。

临终关怀主要包括以下内容：①疼痛和其他症状的控制；②心理和精神的关怀；③社会支援；④居丧照护。由此可以看出，临终关怀有医疗的内涵，同时又对其有所突破。从历史发展来看，临终关怀机构是医疗机构的一种，从医院中派生出来，以独立形式或者依附医院的形式而存在。临终关怀花园有依附于临终关怀机构的，也有以主题公园形式而存在的。

那些依附于独立的临终关怀机构或者以主题公园的形式而存在的临终关怀花园，属于与医院外部环境平行对等的康复景观。而那些依附于半独立的临终关怀机构的花园，多数与医院外部环境相融合，很难区分哪些属于临终关怀花园，哪些属于医院外部环境，它们往往以一个整体花园的形式出现，服务于在医院中出现的所有人。

临终关怀花园与医院外部环境有着细微的差别，这主要是哲学观念上的不同造成的。

与一般医院中追求效率、治愈效果相比，现代临终关怀运动认为晚期病人更多需要的是生命的质量。在临终关怀机构中同情心与慈悲心的重要性要高于对于技术的执着，病人的舒适度要取代对疾病痊愈的追求。临终关怀院设计是医疗机构设计中，设计师能够最大限度地创造康乐设施的场所，因为在那里，医疗技术已经让位于病人的康乐及情绪状态。

与一般医疗建筑的高楼大厦不同，临终关怀院更加倾向于家庭式的设计方式，这使得处于人生最后阶段的人们更加易于接受。一般的医院往往有着庞大的建筑体量，复杂的内部空间组织，无个性的就诊室与病房；而临终关怀机构为病人提供他们所喜爱与熟悉的环境，就像在家里一样，它们经常是小尺度的，尊重个性的，包含花园并且有聚会空间的，常使用能令人联想到家的材料及装饰。这两种不同的风格，导致医院外部环境相对于临终关怀花园更倾向于公共性，其在尺度上要相对大一些，而临终关怀花园更加庭院化，尺度也要小一些。

此外，由于临终关怀花园是围绕死亡事件展开的，其所体现的宗教性、对于冥想的重视、对于生命的启迪等内涵，是一般的医院外部环境所没有的。

3. 临终关怀花园和墓园

墓园是在墓地所建的园区，墓地是人去世后，埋葬遗体或骨灰遗物的地方，有皇陵、宗族墓地、家族墓地、特色墓地（如烈士陵园）、公共墓地等类型。皇陵和一些宗族、家族墓地多为古代墓园，多数远离城市，选址在自然风景优美的环境中，一般会成为旅游胜地，人们以参观、猎奇的心态对待。特色墓地，如烈士陵园，多具有纪念与教育意义，是公共景观的一种类型。公共墓地作为安葬社会各界人士的场地，有的有绿化种植，有的较为简单，是人们面对亲友的个体死亡，进行纪念、寄托，抒发思念之情的地方。一些自然环境较好的公共墓园可以向公众开放，有公共景观的特点。

与临终关怀花园一样，墓园也与个体死亡事件有关。临终关怀花园主要是为晚期病人生前和死后的时间段中，与晚期病人相关的人员，包括晚期病人自身、亲友及医护人员服务的；其存在的场所要么在临终关怀机构周边，要么在公共园林中，也有依附其他公共设施的。墓园是在人死后，用以观瞻或纪念死者的场所，服务人群包括游客、亲友等，不包括死者本身及医护人员；墓园多是集中的一类单独场地。

4. 临终关怀花园和纪念性公园

纪念性公园多数与重大的事件或人物联系在一起，如南京雨花台烈士陵园、五角大楼 911 纪念地、罗斯福纪念公园等。纪念性公园多是供人瞻仰、怀念与学习的，可以作为游览胜地，是公共景观的一种类型。其中有一类是纪念伟大的人物或者因集体事件（如战争、恐怖事件等）而死亡的群体的纪念性公园，其主题与死亡有关，但多是死亡发生若干年后，人们出于纪念的目的而建设的。

临终关怀花园是为平凡的个人服务的景观，其服务的时间段主要是死亡发生之前约六个月内与之后的一年左右。

此外，纪念性花园的教育意义要比临终关怀花园多。纪念性花园是一种集体文化的载体，是宏伟的、庄严的、有气势的、深刻的、凝重的。临终关怀花园更加关注个人，是亲切的、细腻的、敏感的、精致的。

6.2　中国临终关怀花园设计要点

临终关怀花园作为一种康复景观，在设计时需要满足一般康复景观的特质，这在第 3、第 4 章有较为详尽的论述；那些为建在医院特殊的病区而服务的临终关怀花园与医院的外部环境交织在一起，其设计要点可参考第 5 章的内容。

与此同时，临终关怀花园有着自身的特点及功能，除以上情况外，有一些内容是设计时需要特别注意的，这在下文将有所涉及。这些设计要点，一方面来自对国外理论的借鉴，尤其是克莱尔·库珀·马科斯对此所做的专题研究；另一方面是笔者基于中国临终关怀发展的实际情况所做的思考。

临终关怀花园根据选址、用地的限制、资金的情况、病人的人员结构等会有具体的差异。在城市、郊区和乡村的临终关怀花园有着不同的建设环境，需要对周边环境做全面的考虑。建设临终关怀花园需要充分分析现状，有改建的，有新建的，有在平地建设的，有在山地建设的，有的用地面积充足，有的用地局促，应挖掘其优点并将其扩大，设计成有特色的景观；也应弥补不足，发挥景观的创造性对场地的改造价值。对于资金充足的项目，要创造多样的景观设施，可以考虑引入教堂、佛堂等宗教建筑，可以使用精致的材料并确保高质量的后期维护管理；对于资金紧张的项目，可积极发挥社会志愿者的作用，申请基金资助，吸引社会募捐，从专业设计到具体操作实施甚至后期维护管理，都可充分利用学术及高校师生的力量。临终关怀收治的病人可能是老人，可能包括儿童和青壮年，也可能是退伍军人、知识分子、工人、农民，不同的年龄层次，不同的职业背景，使得临终关怀花园在设计时需要区别对待。

虽然实际的临终关怀花园的项目中会有不同的侧重，需要解决不同的问题，但作为一类为临终关怀服务的花园，在设计时有一些要点是共通的，具有较为普遍的参考价值，这将在下文进行归纳总结。这些设计要点细致而实用，能够体现出临终关怀花园的特征，同时对实施建设有具体的指导意义。

6.2.1　对基本行为需求的满足

1. 道路对必要性行为的满足及对自发性行为的诱导

道路首先需要满足必要性质的行为需求，连接病房与餐厅、教堂或佛堂、室外的活动场地、花房、凉亭等之间的道路，必须有铺装，以保证雨天室外的顺利通行。道路铺装的宽度需要满足无障碍通行的要求，确保坐轮椅的人也能方便使用。

其次是提供散步道，诱导自发性行为。在室外散步，观看变化的景观，体验自然的感受，对于压力的缓解有着重要的意义，尤其是对于晚期病人的亲属或者临终关怀机构的工作人员而言。在设计散步道时，应该注意道路周边空间层次及有吸引力的远景与近景的塑造，使那些散步的人或者坐轮椅的人能够体会到"远离"临终关怀院的感受。

2. 创造多样的功能空间

从空间的性质来看，首先，尽可能创造开敞的公共空间。如果面积允许，在临终关怀花园中设置一个相对开敞的较大空间，为人们进行户外公共活动提供场地。在这样的空间里，人们可以聚会交谈，可以组织社会募捐，可以举办联欢会，也可进行各种群体追思的活动。

其次，创造为不同人服务的私密空间。为晚期病人及其亲友服务的私密空间是受人欢迎的，在这样的空间里，人们可以无所顾忌地排解自己的情绪，可以冥想、祈祷、哭泣。这样的空间要求较高的围合度，适合有遮蔽物及座椅等设施，如果存在水元素将更加理想，静态的水有益冥想，动态的水可以掩盖人们的哭声。

可以为员工及志愿者使用的私密空间也是非常必要的。一个临终关怀院的成功依赖于拥有高品质的员工并且留住他们。然而临终关怀院的工作总是让人精疲力竭，以至于需要不断地培养新的工作人员。因此，任何可以缓解员工压力的举措都是至关重要的。一个与环境有关的解决方法是，为员工提供一个毗邻的可以休闲的花园，或者一个可以让员工在丧失情绪时得以恢复的私密露台。

第三，提供一些半私密的空间。那些有一定的围合与保护，但面向广阔的景观或公共活动场地的空间受到很多人的喜欢，尤其对于一些晚期病人，他们已经不能自由行动，但对其他景观或人的行为的观察，能给他们带来信息的补充，使他们体会到生活的趣味。

此外，从空间存在的位置看，观察室或小礼拜堂附近适合设置单独的花园。因为面对即将逝去的亲人，家属的情绪是急需平复的，一个毗邻的花园会很受欢迎。自然的声音在这些空间需要特别注意，水声、树叶的沙沙声、鸟儿的叫声，都是有效的转移人们注意力的因素。在离病房较远的位置，设计一些自然环境优美的独立空间，这会产生"远离"感，可以使人暂时忘却死亡的临近。

3. 搭配有益的室外设施

临终关怀花园内应该配备数量充沛的、形式多样的座椅。那些可以行动的晚期病人，身体比较虚弱，经常需要坐着，座椅的数量与间隔都要满足他们的需求。合适的长椅、L形长椅、U形长椅，以及可以移动的座椅，能够满足病人及其家属、两三个工作人员等的休憩与交流。与医院外部环境中一样，那些固定的有好的朝向的座椅，能够引导人们的视野，将特定的景观呈现在人们面前。另外，座椅周边的环境在设计时也应该注意。座椅适合倚靠树、树篱或者墙等元素，这样其顶部就能被树的枝干、绿廊或花架所覆盖。

在花园中创造能够吸引孩子注意力的元素。亲人们经常或者想要带孩子到临终关怀院探望晚期病人，但是对于孩子而言这可能充满了恐惧与厌倦。如果能够在花园里消磨时光，可以让孩子能够享受自由，从成人的压力中解脱出来。如下的一些元素可以同时吸引孩子和病人：喂养槽旁叽叽喳喳的鸟儿，池塘里游动的金鱼，岩石上跳跃的小溪。晚期病人可以自由地注视在花园里玩耍的孩子，也可以和他们一起享受花园的美景及其所带来的快乐。

在临终关怀花园中，建设有保护感的建筑或构筑。使用临终关怀花园的人们有着特殊的压力与焦虑，对于安全性的需求比一般人要高。当人们的背后和头顶有保护时会感到安全，因此，背部有可倚靠物并带屋檐或顶棚的园林建筑会提供房屋般的保护感。

如果条件允许，建设一间花房或者温室。有些晚期病人对细微的温度变化都会不适应，一个有着植物、花园设施、水、甚或鸟笼的恒温房间是很有帮助的。如果可能，这样的房间应该面向室外的花园和真实的天气。

6.2.2 根据晚期病人的身体状况而设计

1. 对晚期病人视觉的照护

第一，创造舒适的光线环境。对于那些可以从室内出来，使用临终关怀花园的晚期病人来说，要避免室内外强烈的光线对比。晚期病人尤其是老年人往往对光线亮适应与暗适应的调节能力变弱，在经历室内外空间的转化时，常对耀眼的阳光感到不适应。因此，在建筑的出入口或者天井处应该有藤架、屋檐、树荫或者其他帮助改善这一转变的设施。同时，要注意创造适宜的花园内部光线环境。当在花园内部时，病人的眼睛对于不同区域强烈的明暗对比也会很难适应，所以应该降低花园里阳光区与阴影区的对比。同时，使用恰当的材料可以防止眩光，形成舒适的视觉环境。草坪、深色的铺装、绿廊、凉亭，以及其他遮阳设施都能帮助减少花园中阳光区域的刺眼光芒。铺装与地被植物相对较低的色相与明度，乔木与半透性灌木所形成的斑驳落影，都有助于形成光度适宜的阴影区域。

第二，提供能从平、仰卧位欣赏的景观。一些临终关怀院，允许病人的病床被推到露台或者阳台。在这种情况下，从平、仰卧位观看的绿色植物、天空、有趣的屋顶等元素都应当被认真考虑。

第二，提供从室内看到临终关怀花园的良好景观视野。很多晚期病人是不能走出病房的，他们有些还可以坐起来，有些只能卧床。对于那些能够坐起来的病人，可以被推到露台或者阳台，考虑在露台和阳台设置一些植物景观作为人们欣赏的近景，同时考虑人们在坐着时的视高所能看到的临终关怀花园及天空、屋顶等景观要素。对于卧床的病人来说，能够从窗户看到室外的自然是很关键的，自然所表现出的宁静、广博对于很多人都是重要的，尤其是那些处于昏迷、经常疼痛的、濒临死亡的人们。窗景可以被看成一幅天然画作，一棵春天开花、秋天变色的大树，一部分风云变幻的天空，都可能是画作的内容，这些内容可以巧妙地转移人们的注意力实现知觉的逃离。

2. 对晚期病人其他体感的照护

首先，需要避免极端的温度、湿度。就像晚期病人对于极端的光线很难适应一样，极端的温度、湿度对于他们来说也是很不舒服的。临终关怀花园应该创造舒适的小气候环境，以保证冬天或者寒冷的时期能够温暖，夏天能够凉爽；避免冬季的冷风，引入夏季的凉风；运用水池等调节干旱时期的湿度。对于那些长期处于炎热或寒冷天气的地区，玻璃顶的中庭、阳光室或者温室也许是很好的人们接触自然的场所。

其次，注重听觉景观的塑造。听觉经常是晚期病人最后的感觉，但随着疾病的加重，过大的声音变得具有伤害性，过小的声音又听不到。所以中间级别的声音是较理想的，而自然界的很多声音就属于这一范围，如叶子的沙沙声、落水的声音、鸟鸣的声音等。所以，设计师应该设计花园以提供这些和谐的自然之声，考虑微风吹过不同种类的乔灌木时所发出的不同音色的声音；戏水池、喂养槽及灌木上的浆果都能引来鸟儿；落水、小溪、喷泉都能产生使人愉悦的水的声音；风铃能够把微风的声音放大化。同时，还应该做好噪声的防治，注意使空调压缩机、循环泵及其他噪声源远离临终关怀花园；如果不能保证远离，它们应该采取消声的措施降低其分贝数，或通过地形、植物等减缓噪声的传播，利用流动的水、轻松的背景音乐等形成混声效果，减弱噪声对人形成的不良影响。

此外，充分调动晚期病人的触觉与嗅觉。对晚期病人来说，触摸与被触摸非常重要。柔软的、毛茸茸的植物，以及那些摩擦时有着令人愉悦的芳香气味的植物，能够使人愉快并且有助于记忆的恢复。但是在配备植物时，应该避免种植多刺、易生虫及能引起过敏反应的植物，有花粉过敏症状的人应该尤其注意。

6.2.3 根据面对死亡的特殊心理而设计

1. 既熟悉又超然的形象

在压力作用下，人们在熟悉和可理解的环境中会感到舒适，尤其是对家庭成员和病人而言。在1985年波士顿举行的第一届美国临终关怀年会上，有发言者做调查发现，绝大多数的人希望自己死的时候是在家里，而不是在临终关怀院。这暗示着临终关怀院应更加倾向于类似家的环境，无论是尺度、陈设还是气氛。因此，临终关怀院的内部环境中，经常强调家居式的材料、纹理、颜色、光线、家具等。同样的，对于室外环境来说，设计成类似于家庭花园的形式也是很重要的。这要求设计者能够鉴别出哪些是临终关怀院所在地区住宅式花园的必要元素。这与医院外部环境设计时，对熟悉感的创造是一致的。

同时，临终关怀院作为现实世界与死后精神世界的中间站，应该具备超越日常场景的形象。不管晚期病人及其家属如何看待死后的生活，死亡的过程与发生都是一项重要的事件，因此，临终关怀花园的设计值得被充分重视。虽然家居式的熟悉的环境受欢迎，但是它更应该超越一般现实的日常生活，应该是平凡与独特的综合体。超然的形象能引发人们对人生的反思，对死亡的想象，对未来的憧憬。这种超然的形象也许是特别精致的材料，也许是唯美的景观小品，也许是一丝不苟的植物修剪，抑或像中国古典园林中的诗情画意，释、道的超脱与空灵等境界，它的创造也许是对设计师最大的挑战。

2. 塑造抚慰人心的要素

首先，在合适的地方提供全景的视野。处于极端的压力、悲伤与混乱中的人们经常追求注视全景的视野（图 6-2），全景视野会让人感知到广阔的天空、海洋，或者城市景观，有助于改变心情，使欣赏者变得富有远见。晚期病人及其家属对这种体验的需求，在临终关怀花园中是很突出的，它使人们能够看到生命在继续。

图 6-2　全景的视野

其次，在花园中设置水景。水是临终关怀花园中很重要的缓和剂。水除具备调节空气温湿度及缓解不希望的声音方面的作用外，还具备象征意义与精神价值。平静的水面可以作为冥想与祈祷的对象，平复人的心绪；而有声音的动态的水作为活泼的元素，能够引发人们积极的情绪。同时，水可以养鱼，也可以招来饮水的鸟儿，这些元素都有助于人们从悲伤与压力中解脱出来，具有抚慰人心的作用。

第三，可以考虑在临终关怀花园中建立小型的教堂或佛堂。人们在这里可以祈祷，与心目中的神明对话，找到心灵的寄托，这对于那些有宗教信仰的人尤其重要。即便不考虑宗教信仰问题，其作为园林建筑对于临终关怀花园也可能是有益的。值得注意的是，需要清楚地了解临终关怀花园所在地区的主要宗教信仰，如果该地区有统一的宗教信仰，这种设施可以在临终关怀花园中出现；如果没有，或者存在宗教矛盾，那么在临终关怀花园中应该加以回避。

　　此外，可以在临终关怀花园中设置一些供人们抒发思念之情的景观小品。人是情感丰富的生物，在亲人离去之后会产生长时间的思念，这种情绪需要释放。临终关怀花园可以为其提供场所与物化的要素。在一些特殊的节日，可以在临终关怀花园中举办活动，抒发人们的哀思之情，如在母亲节，失去母亲的人们及失去儿女的母亲，汇集到花园中，通过点蜡烛、放河灯等活动，相互安慰，寻找心灵的抚慰。另外，临终关怀花园中那些刻有亲人名字的石块、木牌，作为情感的物化时刻存在着，寄托着人们的思念情怀。

　　3. 使用能产生恒久感的材料

　　花园中应该有一些不受时间影响、使人消除顾虑的元素，使其看起来会一直存在，而且在未来很长的一段时间里也不会消失。应用那些随着时间推移，能够产生锈迹或者易于生长苔藓的材料，这能够记录时间，让人产生恒久感；应用能够自我良好生长并且寿命很长的植物；种植速生、能够很快爬满框架或者墙的藤本植物。这些都能加强花园稳固与长命的印象，也许能够使人产生生命延续的遐想。

6.2.4　使人们了解临终关怀花园的使用

　　除了规划设计之外，设计者还应进行简明的临终关怀花园说明，标出不同的功能空间，将其做成小册子分发给员工、晚期病人及其亲友。尤其是护理人员要知道临终关怀花园被设计时的功能意向，什么地方被设计成避风港，什么地方能够享受清晨的阳光，什么地方能够远眺周围的世界等。晚期病人随着时间流逝身体状况会不断恶化，身体机能的障碍会不断扩大，员工可以帮助晚期病人及其家属使用户外环境，帮助其了解花园的哪些地方能够满足他们的需求。

6.3　临终关怀花园案例的研究

6.3.1　休斯敦临终关怀院花园

　　休斯敦临终关怀院是由原休斯敦市长奥斯卡·何尔康（Oscar F. Holcombe）的住宅改建而成，有都铎式建筑与花园。休斯敦临终关怀院花园属于独立的临终关怀院所对应的临终关怀花园，它能体现出一些临终关怀花园的典型特点及功能。

　　值得指出的是临终关怀花园的建设并不违背一般性园林设计的基本原则，如休斯敦临终关怀院花园建设时，对于原有都铎式建筑及花园给予了充分的尊重，延续了历史文脉，考虑了德克萨斯州地域性的特征等。除此之外，临终关怀花园作为一种特殊类型的康复景观还具备以下特点与功能。

1. 休斯敦临终关怀院花园的特点

（1）家庭化的环境

家庭化气氛的强调，使得临终关怀花园追求庭院的风格。为追求家庭化的气氛，经常会对大空间进行再划分，形成若干或者创造出局部尺度适宜的庭院空间，正像休斯敦临终关怀院花园的布局所展示的那样。

（2）超然的形象

在休斯敦临终关怀院花园中，巧妙的处理使得花园对于人们而言是熟悉的，而同时又比人们日常拥有的花园要更好一些，它有着比自家庭院更精致的园林小品、更细致的维护、更精湛的工艺，这为人们提供居家式体验的同时，又有了超越日常的感受。

（3）缓和元素及手法的运用

休斯敦临终关怀院花园恢复了原都铎式花园的规则花园，引入了水和鲜花，形成整个花园的亮点；在唐宁思想指导下的曲折散步道很好地连接了草坪区、规则花园和儿童花园，这些都能对心理的不良情绪起到很好的缓和作用（图6-3）。

图6-3　缓和元素

（4）恒久感与隐喻

休斯敦临终关怀院花园小教堂平台花园的青石板铺装，具有恒久感，有一定寓意，能够使人有所启发。自我生长良好、寿命长并且能提供安全感的植物也值得考虑。休斯敦临终关怀院花园中的弗吉尼亚栎，寿命可达300年以上，冠大荫浓，高达20米以上，冠幅40米以上，树冠是延展的拱形，能够形成具有安全感的圆形"顶棚"。

（5）对于情感的关注

临终关怀花园中经常出现纪念性、宗教性的小品或设施。

在休斯敦临终关怀院花园中，人们可以把已故亲友的名字、寄语等刻在石头上，摆放在花园中，以表达思念与悲伤（图6-4）。

图6-4　纪念石

临终关怀花园也承载着人们的宗教寄托，休斯敦临终关怀院在原何尔康住宅和新建的病房区之间，有一座小教堂，在这里人们能与心中的神对话，得到力量与启示，以获得心理上的安慰。

2.休斯敦临终关怀院花园的功能

（1）愉悦感官的物质元素

休斯敦临终关怀院周边交通繁忙，南侧有何尔康大道，北侧隔着布瑞兹河湾有马基高快速路，花园中南侧的草坪与树木、北侧的儿童花园起到了隔离的作用。

同时，花园里的各种自然元素所产生的缤纷色彩、悦耳声音、芳香气味、细致触感等，能够刺激人们的感官，愉悦人们的身心。很多晚期病人只能卧床，窗外的自然所传达的讯息，对于他们而言是十分重要的。休斯敦临终关怀院的病房及办公室中，有很多能透过窗户直接看到主体花园，有着较好的视野（图6-5）。

同时，晚期病人的感官有着不同程度的退化，视觉元素的强化处理，及其他感官

图 6-5　窗景

要素的考虑，对临终关怀机构中的使用者非常重要。花的鲜艳色彩及芬芳、水的声音在休斯敦临终关怀院花园中都得到了充分应用。

（2）康复治疗的物理场所

身体状况较好的病人、家属或员工可以在花园中散步，做简单的运动；家属及员工可以把病人推出去享受阳光与自然的气息；同时心理疏导、居丧照护等如果在花园里进行也会有意想不到的效果。休斯敦临终关怀院花园的道路有着合理的铺装及尺度，规则花园旁的凉亭平台及小教堂前的平台花园有充足的座椅设施，这些为以上行为的发生提供了便利条件。

（3）调节心理状态的积极环境

休斯敦临终关怀院花园特意划分出了儿童花园，能够供孩子们进行宣泄。

同时，休斯敦临终关怀院花园中虽没有单独设置冥想花园，但规则花园以其历史感与秩序性，能够在某种程度上实现冥想的功能。

小教堂可以供人们祈祷、忏悔，或者举行神圣的宗教仪式。小教堂平台花园为人们商讨后事、感悟人生、接受心理疏导等提供物理场所（图 6-6）。

（4）公共活动的室外场地

临终关怀提倡进行多种社会性的公共活动，以丰富晚期病人的生活。如在休斯敦临终关怀院有时会组织聚会、展览等，这些在花园中举行的活动受到很多人的支持（图 6-7）。

图 6-6 小教堂

图 6-7 花园中的公共活动场地

3. 休斯敦临终关怀院花园简介

休斯敦临终关怀院花园附属于休斯敦临终关怀院，由风景园林师赫伯特·皮科沃斯（Herbert Pickworth）设计。休斯敦临终关怀院属于改建的独立临终关怀机构，隶属于德克萨斯医疗中心这一庞大的医疗体系，又叫玛格丽特·卡伦·马歇尔临终护理中心（Margaret Cullen Marshall Hospice Care Center），它是以主要捐赠人命名的。

（1）区位环境

休斯敦临终关怀院位于美国南方的德克萨斯州，属于亚热带气候，夏季炎热且时间长达五个月之久。

休斯敦临终关怀院在休斯敦市区西南部的郊区，其南邻何尔康林荫道（Holcombe Boulevard），东侧是为病童服务的麦当劳叔叔之家，北侧是布瑞兹河湾（Braes Bayou），同时北侧隔马基高快速路与赫尔曼公园相望（图6-8）。面积约1公顷。

图 6-8 区位图

（2）服务人群

休斯敦临终关怀院为晚期病人及其家属提供照护，其服务涵盖方圆 35 英里的整个哈里斯地区的城市（休斯敦大都市圈），大约 280 万人口。晚期病人指的是在当前医学技术条件下无法治愈的，预计生命长度在六个月之内的病人。[1]大部分的晚期病人患的是癌症，也有许多患有老年痴呆症、心脏病、艾滋病的晚期病人。30% 的病人的年龄分布在 45 到 64 之间，将近 60% 的病人是 65 岁及其以上的患者。

临终关怀花园的使用者包括晚期病人和其家属，以及工作人员。临终关怀机构的工作人员除了医生、护理人士，还可能包含营养师、物理治疗师、药师、心理学家、社会工作者、宗教人员和志愿者等多种人员。

（3）休斯敦临终关怀院及花园的都铎式风格

休斯敦临终关怀院是由原休斯敦市长奥斯卡·何尔康的住宅改建而成，其建筑与花园是美国化了的都铎式风格，这一风格为后期的改建定下了基调。

都铎风格的建筑舒适、典雅，美国化的都铎式融合了住宅的多种元素。这种居家风格很好地契合了福利机构追求亲切感的目标，是临终关怀院总部、病房及小教堂的理想之选。

与此相匹配的花园经常将规则的几何形式与自然种植的植物混合使用。规则的几何形式常通过对称的绿篱加以划分，其中种植花卉、蔬菜、药草、树木等，中心为铺装场地，常以喷泉、水池或雕塑作为节点（图 6-9）。自然种植的植物作为规则形式的对比物，可以活跃场地气氛。

图 6-9　家庭化的建筑及花园

---

[1] 史宝欣 . 生命的尊严与临终护理 [M] . 重庆 : 重庆出版社，2007 : 4.

休斯敦临终关怀院花园的改建，是在详细考证原有设计及研究美国化了的都铎式风格的基础上进行的。

4.休斯敦临终关怀院花园的分区介绍

休斯敦临终关怀院的建筑对主体花园形成两面围合，使得花园的空间感较强，有着安全与亲切的气氛。

花园分成了四个区域：草坪区、规则花园、儿童花园以及小教堂的平台花园[1]（图6-10）。

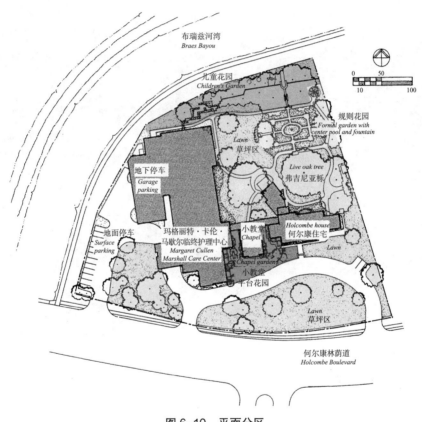

图6-10　平面分区

（1）草坪区

草坪区是休斯敦临终关怀院花园中面积最大的区域，它分布在建筑的南北两侧。南侧的草坪用以与何尔康林荫道的隔离；北侧草坪是花园的核心，可以进行各种公共与个人活动，如聚会、散步、休息等。

---

[1]　Nancy Gerlach-Spriggs. Restorative gardens：The Healing Landscape[M]．New haven and London：Yale University Press，1998：83-99.

北侧的草坪被巨大的弗吉尼亚栎（Quercus virginiana）覆盖着（图 6-11），弗吉尼亚栎是南大西洋和海湾花园的典型树种，往往宽是高的两倍，呈圆形，常绿，遮阴效果良好，这在休斯敦的气候环境里非常重要；同时弗吉尼亚栎是乡土树种，能够引发南方人共同的记忆，传达着地域精神与场所的稳定性。除弗吉尼亚栎外，还种植有柳栎（Quercus phellos）、水栎（Quercus nigra）等。

图 6-11　植物

设计遵循唐宁提出的设计原则，如曲线道路、种植床和草坪，以及草坪上成丛或者孤植的树木。原来的何尔康花园树木丛生，设计师对其进行适当梳理，同时补种了一些新的树种，以创造美国人心目中理想的花园。

（2）规则花园

在栎树草坪北侧是规则花园，始建于 1925 年，休斯敦临终关怀院花园改建时，这一区域根据原状进行了恢复。几何的形状与精心的养护使人产生文化与情感上的满足，整个区域有着冥想花园的舒适与安宁。

规则花园尺度不大，有着严格的几何形状，小路是砖砌的，被低矮的灌木丛所限定。中心的水池与喷泉增加了空气湿度、降低温度，使得小气候凉爽、舒适；飞溅的水花、流动的水体闪闪发光，能产生听觉与视觉的愉悦。

杜鹃花和球根花卉在春天开放，有着欣欣向荣的景象。随着时间的变化，不同的花卉展现出不同的鲜艳色彩，能够引起视觉减弱者的注意；同时，有微风时，芳香的气味能散播到临终关怀院的建筑中，带给人愉悦的感受。

　　花园的设施齐全、考虑周到。在喷泉和水池的外边，长凳、座椅和矮桌子形成了一个可以坐的区域，它们是前休斯敦花园俱乐部（Garden Club of Houston）主席玛莎·洛维特（Martha Lovett）捐赠的（图6-12）。道路、设施有着足够的宽度，可供坐轮椅与在病床上的病人使用。人们在花园其他地方散步后，经常会到这里来坐一坐；即便最虚弱的病人也习惯于每天到这里来放松一下；人们还经常到这里来商量如何应对即将发生的事情，就像在小教堂平台花园一样。

　　在规则花园西北侧道路的尽端有一座凉亭，由查尔斯（Charles）根据原始资料建设。凉亭前有安放座椅的平台，可供包括晚期病人在内的所有到访人员使用，是一处受人欢迎的场所（图6-13）。

图6-12　座椅

图6-13　凉亭及座椅

（3）儿童花园

　　儿童花园地段长而窄，位于在整个花园的北部边界处，濒临河湾。它是一条道路的终端，有着很好的设计品质，自然、放松、充满趣味。丰富的植物使人们体验到相对的私密；能观察整个区域的制高点，使人们产生控制感（图6-14）。

　　这里设有攀缘设施、迷宫、黑板墙、儿童尺度的雕塑、蜿蜒的小路、微型桥及旱溪上的横木、汀步等元素，植物数量及种类丰富，充满着探索意味。同时，花园被篱笆围合，迷宫足够矮，使得外面的人能够看到在里面玩耍的儿童。植物都是无毒的，这保证了人们对安全性的需求。

图6-14　儿童花园

儿童花园迎合了孩子的需要，也吸引了一些成年来使用。员工们在儿童花园中小憩，与孩子们玩耍，并且通过小黑板互留信息。

（4）小教堂的平台花园

小教堂平台花园位于小教堂的南侧，与建筑有着很好的结合，是建筑在室外的延伸。其平面布局仔细地考虑了建筑的出入口关系、室外空间的塑造，通过汀步的设计实现交通的便捷及对规则的突破（图6-15）。

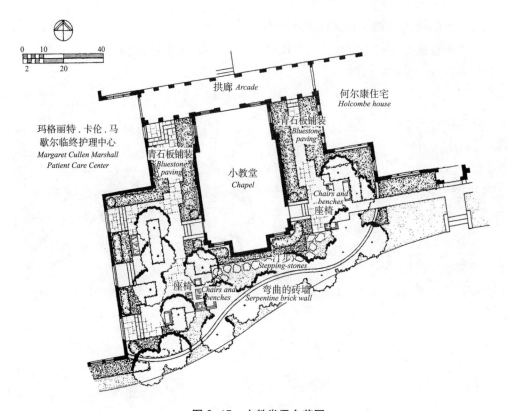

图6-15 小教堂平台花园

这里是花园中一处非常受欢迎的场所，有着恰当的尺度、合理的位置、舒适的座椅、充足的照明，顶上还有风扇送来凉风。材料质量优良，施工的技艺精湛。青石板铺地以不规则的形式排布，尺寸适宜，连接细致。汀步的尺寸间距适合成年人的自然步伐。柚木座椅多是捐赠者从自家的庭院中拿来的。植物种植在木质的种植槽中，放置于边界、转角等处，用来划分空间。

5. 对中国临终关怀花园的启示

（1）资金的积极筹备

要实现临终关怀花园的有效建设，资金是必要条件。与中国目前的状况一样，休斯敦临终关怀院也曾面临严重的资金问题甚至被迫停止服务，然而其主办者们始终没有放弃，通过结识各种关键人物，获取基金的支持，加入德克萨斯医疗中心这一知名机构等活动，最终保证了整个机构的高品质良性运转。休斯敦花园俱乐部是这一项目得以实现的关键机构，为临终关怀花园的建设筹来大量资金。此外，渥瑟姆基金（Wortham Foundation）为前期基础建设提供了资金，劳氏基金（Lowe Foundation）资助了新的儿童活动花园。

在我国临终关怀机构发展过程中，认识到资金短缺的现状下，仍然应该积极筹备，不放弃对于临终关怀花园的设想与建设，才能高品质地实现临终关怀的目标。

（2）各方人员的通力合作

休斯敦临终关怀院花园的成功离不开两组人员的共同努力。一组是亲自动手实践的休斯敦花园俱乐部，另一组是风景园林师与园艺师的专业设计团体。

休斯敦花园俱乐部是该市非常著名的两个花园俱乐部之一，大部分会员是女性，以服务社会为目的。在提供资助的同时，会员还亲自投入到花园的建设与维护中，贡献她们的时间与劳动，尤其在一些个人项目上，比如喷泉、露台、阳台的清理；每年俱乐部的临时会员（通常是正式会员的女儿们）会在花园中种植球根植物。此外，会员们还捐赠了很多物资，如自家庭院多余的草种、座椅、种植槽等。

恢复与建设花园的规划设计由风景园林师与园艺师小组的成员制定。设计的成功，源自小组成员共同的目标及艺术品位，以及个人的不懈努力。风景园林师皮科沃斯尊重历史，有着很好的设计敏锐性，以创造丰富的感官体验为指导思想。园艺师查尔斯除配置植物外，还亲自制作了鸟舍、凉亭等园林小品。他们的热忱已经超出了普通的工作范畴，而将其作为一种精神的寄托，这使得花园显示出较高的专业品质。

在我国，类似休斯敦花园俱乐部这样的团体比较少见，但临终关怀机构的志愿者也是一个庞大的群体。目前这一群体所提供的服务多是陪伴、聊天、表演节目等。如果将其引入临终关怀花园的建设之中，将有很大的潜力。志愿者中有很多是高校学生，具备热忱、精力与才智，是很好的人力资源。

目前我国的状况是临终关怀花园往往没有专业的设计，人们把花园等同于简单的种树，这很难保证花园的品质，不能很好地发挥景观的康复作用。从休斯敦临终关怀院花园的建设情况看，可以邀请不以盈利为目的的设计团队，或者以该领域为研究方向的科研团队的加入，这对临终关怀花园品质的保证是非常必要的。

由上可见，在我国，面对资金的短缺，应该积极应对，不因现实的局限放弃对于花园理想的追求。同时，应该充分调动社会各界的热心人士、社团组织、专业人员等，使其投入到临终关怀花园的建设之中，以保证临终关怀花园的实现与维持。

6.3.2 台湾悲伤疗愈花园

台湾悲伤疗愈花园（Grief Healing Garden）关注死亡的主题，致力于对悲伤的抚慰，具备临终关怀花园的典型特点与功能，属于公共设施中的临终关怀花园。悲伤疗愈花园的设计布局与心理的治疗、悲伤的抚慰有着密切关系，具有很好的参考价值。

悲伤疗愈花园于 2004 年 10 月建成，位于台北护理学院内部，由北护生死教育与辅导研究所创所所长林绮云一手打造。它不仅是学校的花园，也是社区的宝贵资源，为学生和社会人士服务。学生们在花园里上课，完成课程的研究；社区人员到这里来排解悲伤、参加各种活动。它是台湾首座"悲伤疗愈花园"，为人们心灵的放松提供新的渠道，是"生命希望工程"的典范。在它的带动下台湾许多学校开始建设疗愈花园。

1. 分区布局结合治疗

悲伤疗愈花园分为三大区域，分别是"自我照护区"（self-care）、"人际互动区"（human interaction）、"和解花园区"（Reconciliation Garden）（图 6-16）。

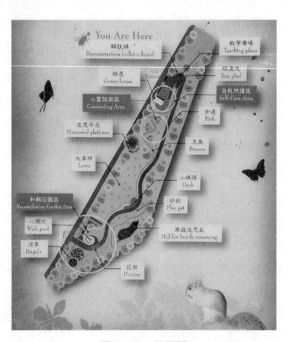

图 6-16 平面图

"自我照护区"位于入口部分，由眼泪池、教学广场、泪痕雕像、绿房子等组成。进入花园，花岗岩砌起的抬高种植池将道路一分为二。沿着左侧道路前行是教学广场，其上有三个解说牌，一个是园子的平面图、一个是园区说明，还有一个是"我有悲伤的权利"的文章。教学广场旁边的卵石铺地上是白色的泪痕雕像。沿着右侧前行，右边经过一个拱门，有一小片铺装场地，其上建有一小间玻璃顶的温室。这一区域是个体承认现实、学习自我照护的地方，悲伤权利的宣言、眼泪池、泪痕雕塑，都影响着人的心理，使悲伤者可以自行抒发心灵深处的各种情绪（图6-17）。

图6-17　自我照护区

然后是"人际互动区"，由道路、溪流、供诸商的铺装及桌椅、追思平台、小码头、家庭追思丘等元素组成。这是一段人们向失落迈进，并处理失落与悲伤的过程，环境布置得曲折崎岖，使人感觉进入了一段幽深、黑暗而又抑郁的长廊。同时，这一段也是人们接受伙伴或专业人员帮助的地段，设置室外心理咨询的空间，通过植物围合出有一定私密性的场地，提供针对个体的心理支持；追思平台、家庭追思丘能进行不同象征意义的团体诸商活动或仪式。

最后是"和解花园区"。这里有心愿池、凉亭，并种满了开花植物。它象征人们在经历了失落与悲伤的漫长曲折的道路后，通过人际互动，进入到的崭新境界，象征天人物我的和解之道。心愿池是螺旋线的中心，以喷泉的形式展现，充满着生机与活力。凉亭与追思平台一样可以为不同团体的诸商活动及仪式服务。

2.隐喻的元素与设计手法

隐喻的元素与设计手法配合治疗师的引导，能够对悲伤进行有益的疏导，从而实现疗愈的力量。

悲伤疗愈花园的创意是林绮云在美国听课时，看到心理学家 Wolfelt 提出的一张幻灯片所引发的，幻灯片将经历失落比作渡过一条弯弯曲曲的河流，需要度过悲伤、自我疼惜、寻求协助，向亲人哀悼的过程，才能实现内与外、身与心的和解。

林绮云在建设花园时贯彻了这一想法，花园中有一条蜿蜒的河流，这条河流长约6 米，牵引着泪水流过经历悲伤的长河，经过洗涤、沉淀、过滤、洗涤、流动而迈向和解（图 6-18）。

图 6-18　隐喻的元素——河流

河的一端有眼泪池和泪痕雕像，传达着以泪水表达心中悲伤的信息，强调着人有悲伤的权利。河另一端的和解区，种着颜色鲜艳的开花植物，五彩缤纷的颜色象征着生活充满了色彩（图 6-19）。

道路的蜿蜒曲折象征通往和解之路的进退迂回。家庭追思丘建在全园的最高处，它是用挖出的泥沙堆成的土丘，让人有广阔的视野，使人产生全局的观念。

一片叶子在水中漂流，象征着思绪的过程，如果卡住了，表示生活中所遇到的挫折，而重新随水流动，象征着终究可以度过而更加顺畅。类似这样的隐喻将感情与实物联

图 6-19　隐喻的元素——眼泪的雕塑与水池

系起来，使得心理可以通过媒介被认识，从而得到治愈。除叶子外，大自然的一草一木都可以用来做道具，譬如树木化石、花朵、一片枯叶或嫩叶、沙子、石头等，并且这些道具有着四季的季象变化，深受治疗师与接受照护者的喜爱。同时，祝福的木牌、寄托情感的话语，以及人工制作的思念泡、祝福瓶等都能对情绪起到梳理的作用。

3. 用活动带动花园的使用

台湾悲伤疗愈花园受到很多人的喜爱，充满着活力，不仅因为它对于人内心的关注，还因为在这里有丰富的活动。北护老师的课程在这里进行，一些心理咨询活动在这里开展，学生的一些作业需要在这里完成。同时，针对社会人士的活动也经常在这里展开，1997 年 5 月 8 日举行过"母子连心悲伤疗愈花园追思会"。

7 疗养景观

景观作为地理学名词，是一种自然景观，指地表景象、综合的地理区，是一种类型单位的通称[1]，如森林景观、草原景观、沙漠景观、山地景观、海洋景观等。同时景观也包含社会环境、文化生活、民族风情等人文景观。具有作为疗养因子的景观主要指自然景观，也包括一些自然条件良好的人文景观。具有疗养性质的康复景观，称为疗养景观。

随着经济社会的发展，人们对于疗养景观越来越重视。20 世纪 70 年代，世界范围内掀起了一股森林浴和日光浴的热潮。美国人和日本人建立森林医院，德国人提出森林对全民开放。研究发现，森林对身体健康有诸多益处。除森林之外，现代疗养学认为景观对人体保健及疾病的治疗有着积极的意义。景观可以调节人的神经系统，提高人体免疫功能、增强体质，以达到对生理、病理过程的调节和治疗作用[2]。疗养性景观适合的人群广泛，除急性传染病及危重病患者外均可适用，且无明确的禁忌。尤其对于由脑力、体力过度紧张或心理失衡而引起的疾病，如高血压病、冠心病、消化性溃疡、紧张性头痛、心律不齐、支气管哮喘、消化性溃疡、焦虑症、恐惧症、失眠症、多动症、更年期综合征等有良好的治疗作用[3]。同时，许多学者通过对世界范围内的长寿人群的调查发现，长寿与当地幽美自然景色和居住环境有密切关系。

7.1 疗养景观的特点

7.1.1 使用者自主参与性的增强

疗养景观的使用主体是身体处于健康状态以下的疗养员，他们虽然可能患有某些疾病，但却不像医院的病人那样没有主动权。在医院，医生是主导，就诊者或住院病人处于被动就医的状态，很多事情无法自己掌控。在疗养景观中，医生的角色没有那么强硬，其疗养的理念及组织管理方式能让使用者积极主动地参加与疗养因子及治疗相关的各种活动，如在森林散步、登山，进行园艺劳动等，通过亲身的体验、锻炼等，实现对疾病的治疗及促进康复的目标。这种自主性参与的增强，使得使用者拥有更多

[1] 夏征农 . 辞海（增补本）[M]. 上海：上海辞书出版社，1995：100-105.

[2] 高显恩 . 现代疗养学 [M]. 北京：人民军医出版社，1989：146-150.

[3] 赵瑞祥 . 景观与景观疗养因子 [J]. 中国疗养医学，2009，18（07）：577-578.

的控制感，这本身就对疾病的恢复有着很好的促进。

7.1.2 康复景观中的"伊甸园"

疗养景观往往位于自然风景优美的地方，没有城市中的拥挤、喧嚣、空气污染，以及局促的土地限制，可谓康复景观中的"伊甸园"。

疗养景观中的景观疗养因子，能够杀死空气中的很多病毒、细菌，减少致病颗粒物，有些富含负氧离子、芬多精，对疾病的恢复、健康的维持有多种益处。同时，疗养景观一般具有与日常生活环境不同的感官体验，人们可以欣赏大自然的鬼斧神工，而非人们对自然或好或不好的复制模仿；或者可以感受历史上人文的昌盛、村落的风土人情。这些条件很好地满足了环境心理学家卡普兰提出的关于恢复性环境的特征，是理想的康复景观。

7.2 景观疗养因子与康复

景观疗养因子对调节心理平衡、消除疲劳、矫治疾病、增强体质等方面起重要作用；对循环、神经、消化、血液、呼吸等系统疾病具有较好的治疗和康复作用。

景观作为一种疗养因子，通过影响人的生理、心理，能使人增强体质、防治疾病。自然界中的日光、负氧离子、气候、温泉、矿泉、海水、治疗泥、药用植物等，都是景观疗养因子，能够对身体的康复起到重要的辅助作用。

7.2.1 景观疗养因子与慢性疾病

慢性疾病不构成传染，病症具有长期性，较难根除，一般病因复杂，会造成心、脑、肾等重要器官的损害。造成慢性疾病有遗传、环境及精神三方面的因素。景观疗养因子可以提供较好的环境因素，少有空气污染，适合开展各种运动，同时可以改善神经功能，调节情绪，避免应激状态发生。

如高血压是一种慢性身心疾病，是多种心脑血管疾病的病因，会导致心、脑、肾等器官的功能衰竭。研究表明，景观疗养可以通过各种自然疗养因子对血压进行控制，有效减少病残率及死亡率。疗养员通过在自然环境中散步、参观名胜古迹及优美的自然景观等活动，能够改善血液循环，扩张血管，降低并稳定血压[1]。

再如，神经衰弱的主要表现是精神易兴奋、脑力易疲劳，药物治疗效果有限，并且经常表现出副作用及依赖性。自然界中的负氧离子、独特的气候、特定波长的日光等，

---

[1] 李永生，王新萍，钟繁. 景观疗养在高血压病治疗中的疗效观察 [J]. 东南国防医药，2007, 9（3）: 186-187.

能够调节大脑皮质的兴奋度，改善神经衰弱。通过青岛地区自然疗养因子对神经衰弱的疗效观察发现，在自然环境中接受综合治疗的总有效率为 95%，对照组为 83%[1]。

7.2.2　景观疗养因子与延缓衰老

20 世纪 90 年代，美国学者乔治（George）提出，衰老的根本原因在于机体受到内外因素损伤的综合结果。内因指随着年龄的增长，机体自身发生的变化，是遗传与性能的改变，这是衰老的根本原因；外因指外界环境中的不利条件，大气污染、噪声、无规律的生活习惯、不合理的饮食等都可引起免疫功能衰退，加速衰老[2]。

景观疗养因子丰富的地方，一般空气清新，没有噪声，环境幽静；有组织的疗养生活较为规律，有营养饮食的供应，能减弱衰老的外因。同时自然疗养因子有着舒适的气候、延缓衰老的微量元素、充沛的阳光等，对机体形成积极的影响，如增强适应功能、改善营养功能、加强调节功能、提高防卫功能、加强代偿功能、改善反应性、促进异常的生物节律恢复正常、更好地发挥药效而减少副作用等，这些对于延缓衰老是非常重要的。

7.2.3　景观疗养因子与亚健康

景观疗养中可以开展日光浴、海水浴、沙浴、泥浴、温矿泉浴、森林浴等，这些疗法能够改善睡眠，消除疲劳，有利于免疫力的提高及亚健康状况的恢复。一些研究发现，经海水浴干预的眼健康显效率为 75%，有效率高达 91%[3]。

自然之声，如植物枝叶的沙沙声、流水的哗哗声、鸟儿清脆的叫声等都是天然的疗愈音乐，作用于大脑皮层，可以使兴奋与抑制趋于平衡，可以缓解失眠、抑郁、焦虑、紧张等状况。

7.3　不同类型的疗养景观

能够作为疗养因子的康复景观，一般具备气候宜人、景色优美、环境幽静、空气清新、富有生机等特点[4]。疗养景观以自然景观为主，也包括一些位于良好自然景观内的人文景观。具有康复效果的自然景观类型包括山地疗养景观、温矿泉疗养景观、森林疗养景观、海滨疗养景观、沙漠疗养景观、喷泉疗养景观等。目前，这些景观前四种利用

[1]　侯方高. 青岛地区自然疗养因子对神经衰弱的疗效观察 [J]. 海军医学杂志，2003，24（03）：285-286.
[2]　徐莉，袁森，刘德全. 疗养因子与延缓衰老 [J]. 中国疗养医学，1996，5（03）：12-15.
[3]　彭江红. 海水浴对军队干部亚健康的影响 [J]. 中国疗养医学杂志，2005，14（3）：184.
[4]　都娟妮，乔宗林. 景观疗法在保健疗养中的作用 [J]. 中国疗养医学，2003，12（04）：243.

较多，后两种利用较少。这些自然景观有时单独出现，有时若干类型在一个景观区域内同时存在。另外，那些位于良好自然环境中的人文景观，包括名胜古迹、古村落等，如很多长寿村可作为特殊类型的疗养基地。

疗养景观中可以设置疗养院用于专业的康复疗养，也可以作为旅游景点，与风景区相结合，供人们参观游览。

7.3.1 山地疗养景观

山地景观有不同的高度和不同的地貌（如花岗岩地貌、喀斯特地貌、丹霞地貌等），具有观赏性与游览性。著名的山地疗养景观有庐山。

在山地景观中可以开展散步、爬山等运动，能够使呼吸加快，肺活量增大，调节心血管及神经功能，长期的锻炼对身体康复与维持健康都有好处。同时，登山活动时，从辛苦的攀登到登顶后开阔的视野，可以使人产生经过艰辛的努力而取得对全局掌控的心理体验，有助于人们坚定康复的信心，建立积极的人生观。

7.3.2 温矿泉疗养景观

温矿泉疗养景观指以温矿泉为疗养因子的疗养性景观，一般需要依托天然的温矿泉资源，目前也有人工制作的温矿泉疗养景观。温矿泉疗养不适合在温度高的情况下进行，所以温矿泉疗养景观的使用具有较明显的季节性，一般春、秋、冬季的利用率要高于夏季。温矿泉疗养景观可与观赏、游览相结合，是疗养、度假旅游的场所。

我国已知天然温矿泉达2400多处，主要分布在台湾、福建、广东、云南、西藏等地，其中云南最多，达400多处。较著名的温矿泉疗养地如临潼、小汤山、五大连池等。温矿泉疗养景观中往往结合自然资源，被当作旅游胜地、疗养院建设用地等。在这类康复景观的设计中，应该充分利用天然疗养因子，使其得到最好的利用，做好相应配套设施的建设，如道路、植被的完善及必要的服务用房等。

由于天然温矿泉资源往往离城市较远，为使人们更加便捷地使用，经常在城市周边创造人工的温矿泉，这需要借鉴对天然温矿泉的研究成果，控制好温度及水的化学成分，具体可参见本书第4章沐浴疗法中的温矿泉疗法。同时，应配以保健型植物，建设便利的道路及服务用房。形式上可以将温矿泉开发成室内温室型与露天型两种。

7.3.3 森林疗养景观

森林景观指以森林群落为主，并与相关的气候、土壤、生物等各元素所形成的综合景观类型。森林中的自然资源，可包括林景、水景、古树名木、稀有动植物及气象景观（如雾凇）等。森林里由于植物精气（即芬多精、植物杀菌素）较多，一般空气清新，负氧离子含量高，空气中细菌病毒的含量少；由于植物郁闭度较高，一般环境幽静，放射性辐射强度低。此外，国外学者的研究成果提出，绿色在人视觉中占25%就可以使人舒适。而森林中植被覆盖率高达70%～98%，远远超出25%，绿色视野丰富，视感舒适[1]。

森林景观能够观赏、游览、进行森林浴，人们可以在森林中进行散步、瑜伽、太极拳及园艺作业等活动，对慢性呼吸系统疾病、糖尿病、心血管疾病、神经系统性疾病等有一定的治疗作用。

7.3.4　海滨疗养景观

我国海岸线长约3.2万公里，有着丰富的海滨资源，青岛、大连、北戴河及鼓浪屿等地均为优良的海滨疗养地。

海滨疗养景观有着独特的海滨气候，蕴含丰富的景观疗养因子，可以进行海水浴、日光浴、泥浴、沙浴等活动。海滨可以进行气候疗养。由于海浪、潮汐加之多雷电，海滨空气中负氧离子浓度高。负氧离子有助于血压平稳、呼吸均匀，能够使人振奋精神，集中注意力，提高工作效率。

海水极富医用价值，在我国用于防治疾病已有数千年的历史。海水中含有多种微量元素、有机物、溶解气体、气胶质等，可以产生温度、机械、静水压力、波浪冲击、水的浮力等物理及化学作用[2]。同时，壮美的海景也能产生有康复作用的心理效应。在海滨景观疗养地疗养，面对辽阔的海平面、蔚蓝的天空、周期的波涛声，能使人情绪稳定，心胸开阔，心旷神怡。海滨的景色能加深呼吸，增加肺活量，增进食欲，使脉搏正常、血压稳定、睡眠转好，使大脑皮质有良性的兴奋，使神经功得到调节，新陈代谢得到促进，产生良好的康复效果。

张福金对大连海滨疗养景观的研究表明，海滨综合疗养能使血液黏稠度、凝固倾向降低，血清胆固醇、甘油三酯、血糖水平下降，血压降低，对心脑血管疾病患者、高血压患者及糖尿病患者都有很好的康复疗效[3]。

7.3.5　沙漠疗养景观

地球陆地的1/3是沙漠。沙漠指地面多被沙覆盖，植物稀少，雨水稀少的地区。沙漠一般较为荒凉，不是人类理想的栖居之地。然而，沙漠有一定的疗养作用。沙漠疗养景观气候炎热，沙中含有对人体有益的微量元素、无机盐；沙温高，进行沙浴能

---

[1]　甘丽英，刘荟，李娜.森林浴在健康疗养护理中的应用[J].中国疗养医学，2005，14（1）：20-21.

[2]　赵瑞祥.海水医疗资源在疗养医学中的应用与发展[J].中国疗养医学，2000，9（05）：5-8.

[3]　张福金.大连海滨自然疗养因子在一些疾病疗养和康复中的应用[J].中国疗养医学，2000，9（1）：6-8.

够扩张血管，促进血液循环，增加新陈代谢，调整免疫功能。同时作为风成地貌的沙漠，有着独特的沙漠景观，具备特殊的美感（图7-1）。

图7-1　沙漠景观

7.3.6　喷泉疗养景观

喷泉疗养景观中的喷泉包括自然喷泉与人工喷泉。自然喷泉指的是自然界的泉水由地下喷射到地表的景观，由于压力与出泉地质的差异，形成了各种形态的喷泉，有的奔腾而出，有的像珍珠滴出。人工喷泉利用现代技术模拟自然喷泉，或结合现代艺术创作出更加绚丽的图案，可以与灯光、音乐、电影等结合，有涌泉、壁泉、雾泉等多种类型。

无论是自然喷泉景观还是人工喷泉景观，其周围空气负离子丰富。空气负离子可以降低血压、镇咳平喘、提高基础代谢、加速创面的愈合、缓解贫血、抑制多种病菌、改善睡眠、消除疲劳、振奋精神、提高工作效率，对多种疾病的康复有帮助。人们在欣赏喷泉景观的同时，可以吸入较多的负氧离子，有益身心健康。

7.3.7　位于良好自然景观内的名胜古迹及古村落

那些位于自然环境良好的名胜古迹、古村落等人文景观，一般周边植被丰富，空气清新，水质良好，远离城市。同时，有人活动的印记以古迹或村落的形式展现出来。这类疗养景观除具有上述某些自然疗养景观的优势外，还具备卡普兰所提出的远离、延展、魅力与兼容的特点。它们对于大多数的城市居民而言，无论从历史年代上，还是空间距离上，都具有远离的特点；其环境本身一般有较大的延展性，包含充分的内容信息；自然景观以及人文景观，尤其是人文景观对于人们来说具有足够的魅力性；同时由于是历史上或者现实中人类活动、生活的场所，一般兼容性也较好（图7-2）。

图 7-2　古村落

7.4　疗养院的康复景观

疗养院的康复景观包括疗养院围墙之内的园林环境，也包括疗养院所在地的自然疗养景观。疗养院主要为疗养员服务，疗养员大多患有慢性疾病或职业病，或者是某些从事特殊职业的人群。疗养员在规定的制度下生活，进行疾病疗养、康复疗养或者健康疗养。

在我国，疗养院包括综合性疗养院与专科疗养院。综合性疗养院如职工疗养院、干部疗养院、特勤疗养院；专科疗养院由政府或企业单位主办，如职业病疗养院、结核病疗养院和肝病疗养院等[1]。

在某些情况下，疗养院因其独特的景观疗养因子，除作为康复性的环境外，还具有教学科研或者休闲度假的性质，功能具有一定的复杂性。

7.4.1　疗养院简介

1. 疗养院与医院的差别

疗养院与医院同属于医疗机构，在以下方面存在差异。

（1）选址的差异

疗养院有的位于城市郊区，有的在远离城市的风景区。位于城市郊区的疗养院，

[1]　苑克敏. 疗养院康复性环境景观设计研究 [D]. 成都：西南交通大学，2006：28.

可以借助城市的便利交通、市政设施、与郊区的自然环境，同时享受城市与自然之便。然而，随着城市化的不断发展，一些郊区的疗养院慢慢地被周围越来越多的城市建筑所包围，自然视野受到影响。那些远离城市的疗养院，一般风景优美，环境幽静，往往蕴含一种或多种景观疗养因子，可能具备医疗卫生及旅游的双重功能。但由于远离城市，到达所需的交通时间较长；基础设施相对薄弱，如水、电、暖的建设成本较大。

而医院作为一项必要的城市公共福利设施，一般建在城市中人口相对密集的区域，或者依附厂矿企事业单位，交通便捷，方便人们日常使用。但因城市用地紧张，绿化面积有限，整体氛围由人工的建筑、道路、停车等所控制。

（2）治疗手段不同

疗养院中的景观疗养因子是除人工理化因子外的主要治疗手段，其以整体疗养的方式将景观疗养因子、医疗技术、心理卫生、生活服务等结合起来。除必要的诊疗、检查设备及物理、体育疗法设备外，需要配备使用景观疗养因子的设施。在疗养院中，医护人员起辅助与管理的作用，组织疗养员的饮食起居，制定疗养员的科学疗养方案；疗养员是主体，通过其自身在景观疗养因子中的运动、沐浴，及其在疗养院中的文娱活动和体育锻炼等方式，起到治疗的效果。

而医院的治疗依赖于大量的诊疗、检查设备，以及药物、手术、放疗、心理等手段，较少使用专门的景观作为治疗手段，偶尔有少量医院引入园艺疗法。医护人员起主导作用，就医人员是被动的接受者，缺少选择权；一般病人住院时，不允许随便离院外出。

2. 疗养院的人员及疗养院的康复景观

疗养院中的人员包括疗养员、医护及管理人员、服务人员。

疗养员是疗养院的收治对象，他们大多患有适合疗养的疾病，如某些慢性病或职业病，或为某些特殊职业的人员。

适合疗养的疾病，包括功能性疾病，如神经衰弱、更年期综合征；早期的器质性疾病或出现明显功能性障碍及病理改变的疾病，如高血压Ⅰ期、Ⅱ期；慢性消化系统疾病，如胃溃疡、慢性胃炎、结肠过敏；骨关节疾病，如强直性脊柱炎、颈椎病、类风湿关节炎、慢性腰肌劳损；呼吸系统疾病，如慢性支气管炎、哮喘、肺结核、胸膜炎恢复期；泌尿系统疾病，如慢性肾炎、泌尿系结石；代谢和内分泌系统疾病，如糖尿病、痛风、红斑狼疮；妇科疾病，如盆腔炎、子宫内膜炎；皮肤病，如牛皮癣、神经性皮炎等；职业病，如尘肺、慢性放射性疾病、慢性化学中毒、噪声性耳聋、振动病等[1]。此外，某些经医院临床治疗或手术后需要疗养的疾病，以及因战争、工作事故、

---

[1]　疗养院. 百度百科 [2011-10]：http://baike.baidu.com/view/892433.htm.2011.10.

交通事故而进行手术后需要继续疗养恢复的疾病，也都适合在疗养院的康复景观中进行疗养。

一般患有传染病的患者、所有的急性病患者、有出血倾向或恶性贫血的患者、严重器质性疾病的患者、失去自控能力的精神病患者，以及严重的残废人员，不适合在疗养院中疗养。

特殊职业的疗养员，包括坑道作业工人、深井矿工、特种部队军人、海上工作者、飞行员，以及离退休老干部、劳动模范或有特殊贡献的知识分子。这些疗养员中，有的长期从事某项职业，具有患某种职业病的隐患；有的因为对社会贡献较大，或自身压力较大，作为一种福利，使其在疗养院中进行疗养。

医护及管理人员。由于疗养院多位于郊区或风景区，很多医护人员远离自己的家，需要在疗养院居住。对于他们而言，疗养院既是工作的地方也是生活的场所。除与疗养员一起使用某些景观疗养因子外，适合在疗养院中设置为医护人员专门使用的户外空间，创造具有熟悉感的景观，如庭院空间等。

服务人员，主要指后勤服务、保卫及卫生工作人员，他们可以与医护、管理人员一样，从较远的地方招聘，也可以充分调动疗养院周边村庄、城市中的劳动力。如果是后者，他们多不住在疗养院内，仅将疗养院作为工作的场所，对于维护疗养院的康复景观并保证其质量起着重要作用。

3. 我国疗养院的特色

（1）与旅游度假、商务会议相结合

我国有着养生的文化传统，到环境优美的疗养院休闲娱乐受大多数中国人的喜爱。城市中的人们平时忙于各种工作，身心疲惫，安排一段时间或者仅仅一两天的疗养院活动，是很好的放松，这有时与工作单位的福利相联系。一些疗养院兼具旅游度假、商务会议的功能，同时是市场经济调节的产物，这些内容使得疗养院脱离单纯的医疗服务模式，产生更多的经营利润，受到管理方的推崇。

（2）与中医理疗的结合

中医理论源于自然，体现人与自然的和谐，强调激发人体的自愈能力，激活正常功能。从"杏林"发展出来的中医模式，采用简朴有效的低科技策略。这与在疗养院进行疗养，疗养员自主调节机体状态的理念相统一。很多疗养院会开展中医理疗手段进行治疗，如针灸、按摩、推拿、足疗、中药熏蒸，以及柔力球、气功、太极、八段锦等传统医疗保健服务项目，配以食疗，起到整体疗养的效果。其中针灸等项目一般在理疗室进行，柔力球等项目可以在疗养院所在地的自然环境中开展。结合足疗，可以在室外设置铺有卵石的、针对穴位的铺装道路。结合食疗，可以在疗养院建设食物花园。食物花园同时可以作为园艺疗法的一部分，提高疗养员的参与性。

7.4.2 疗养院总体规划与康复景观

疗养院的布局应根据所处自然环境及疗养院内部功能需要，进行合理安排。疗养院的总体规划应该突出周边环境中自然疗养因子的特色，对其进行充分的挖掘，将疗养院设置在可方便利用周边疗养景观的位置，发挥周边景观的服务设施功能。

1. 疗养院选址

疗养院需要建设在风景优美、环境幽静、气候宜人的地区，故常选址在郊区或风景名胜区；要有某种景观疗养因子可利用，可以包含上文提到的某种或多种疗养景观，如山地、温矿泉地、森林、草原、海滨、湖泊等风景优美的地方。秀美的山川、灵动的泉水、幽静的森林、广袤的草原、辽阔的大海、平静的湖面有着优良的视觉景观；清新的空气、宜人的温湿度、芳香的气味等提供丰富的其他感官体验。疗养院的整体环境能够使人放松，缓解压力与焦虑，消除疲劳，有利康复。

建设疗养院的地方，不能存在空气、水质或噪声的污染，并且要保证在未来的规划建设中，也没有这些不利因素产生。通风、日照也要满足医药卫生学的标准。同时，疗养院所在地要具备相对便利的交通，以及健全的水电等基础设施；要有较为充足的用地面积，并且有发展的余地，尽量避免拥挤；要求地质良好，不处于地震带，没有或者鲜有自然灾害。

2. 疗养院分区

一般疗养院可以分为：医疗区、总务区、职工生活区，有的还包括教学科研区。

医疗区是疗养院的主体部分，需要设置在各方面条件较好的地方，应该有良好的采光和通风，环境宜安静优美，有充足的庭院绿化和较好的景观视野。医疗区包含庭院化的康复景观。这种景观多位于疗养院的围墙之内，供疗养员进行便捷的室外治疗；也包含上文提到的自然景观疗养因子，可能在疗养院的围墙之内，也可能在围墙之外，但因与疗养的密切关系，将其归为属于医疗区的疗养景观。

总务区是为医疗区服务的，应该以与医疗区方便联系而又不互相干扰为原则。职工生活区适宜划分出独立的区域，与医疗区有一定的隔离，应该设置单独的出入口。教学科研区根据具体情况而定，有的疗养院不设置，有的设置；有的单独成为一部分，有的与医疗区相结合。在这些区域，可以设置专门为工作人员使用的室外绿地，能够缓解其工作压力，有一定的领域空间。

3. 道路规划

疗养院的道路规划应该遵循便捷通达的原则，将各区有效地连接在一起。道路在满足必要性活动及防火规范等硬性要求的基础上，尽量注重与周边环境的结合，依附地形随高就低，通过道路的走向引导人们的视线，在合适的位置设置观景平台，将优美的自然景观展现出来。

道路分级可以采用如下分级方式：一级路为车行路，约 6 ～ 12 米，要满足汽车交会及停车的需要；二级路约 3 ～ 5 米，可以供疗养院内部交通设施通行，如电动观光游览车等；三级路为 1.5 ～ 2 米，主要为步行系统，结合自然风景设置医学行走道或简单的散步道。

道路及出入口需要避免交通流线的交叉。人流、物流应加以区分，即人行的道路应该与运送物资的道路分别设置，并配备相应的出入口。同时，人行流线也应该将疗养员及工作人员的主要道路及出入口分别设置。

所有的道路设施必须满足无障碍设计的标准，方便坐轮椅者、挂拐杖者、使用步行训练器者、行动迟缓者等使用。停车场车位数在 50 辆之内时，应设 1 处残障者车位，50 辆以上时，应设总车位数 2% 以上的残障者车位，车位宽度为 3.3 米。轮椅的通行净宽要求 0.8 米，要满足双向通行需要宽度为 2 米。坡道不应大于 1/12，室外环境中的坡道以 1/15、1/20 为宜；扶手须设上下两层，形状应考虑手的水平滑动。在照明方面，需要考虑整体照明和足光照明，为有瞳孔调节残障的弱视者和患白内障的老年人提供方便。[1]

7.4.3　疗养院建筑与康复景观

疗养院的建筑由疗养用房、理疗用房、营养食堂、医技用房、公共活动用房、行政办公用房及附属用房等部分组成。

疗养院建筑一般较低，不宜超过四层，这为室外疗养景观提供了适宜的尺度，有利于室外空间亲切感的塑造。应尽量保证疗养用房朝向有阳光、风景优美的室外自然景观或园林景观。要仔细考虑建筑开窗与室外景观的关系，留出透景线，使疗养人员在室内就能欣赏周围优美的自然风景，这对那些行动能力较差的疗养员尤其重要。疗养用房除符合当地日照间距的规范要求外，如果想被使用，最小间距应 ≥ 12 米，以保证室外空间足够安放若干桌椅，保证必要的活动空间。疗养室提倡设置阳台，且净进深 ≥ 1.5 米，这使得疗养人员可以通过阳台观看室外环境，同时也可以进行少量的植物种植。建筑南部 7 米之内不宜栽植高大的树木，以满足采光、通风的要求。

每一护理单元有不小于 40 平方米的公共活动室，一般两面采光。公共活动室周边宜设置暖色调、使人兴奋、景色宜人的室外环境。如果公共活动室可对外开门，应该在其周边设置室外的公共活动场地，以增大人们的活动范围，满足室外公共活动的需求。

营养食堂外可以考虑室外就餐空间，这在国外是非常受欢迎的。可考虑在周边建

[1]　日本建筑学会.无障碍建筑设计资料集成[M].杨一帆，张航，等译.北京：中国建筑工业出版社，2006：18.

设茶室、小卖部等商业设施，在室外场地安放桌椅及遮阳伞，会成为使用率极高的户外空间。

职工的生活用房一般不设在疗养院内，与疗养院有分隔，具备自己单独的出入口，应考虑为职工服务的室外景观的存在，结合职工生活，提供晾晒空间、必要的室外健身器材、室外小聚会场地及安静休息的空间。

需要注意的是，依附不同景观疗养因子的疗养院建筑有着各自的设计要点。

在山地建设的疗养院，建筑的布局及形式应该与地形进行一体化考虑，创造与自然环境协调统一的建筑景观。通过建筑的布局及朝向设计，尽量保证自然采光，将通风控制在舒适的范围内，并与室外的活动场地及散步道有效结合，方便疗养员的使用。

利用温矿泉而建的疗养院，其建筑设计应该充分合理地运用温矿泉资源。可以将其纳入建筑内部，当作室内中庭景观对待；也可以把建筑建在周边，作为服务性用房，将温矿泉资源作为室外景观来处理。不管温矿泉资源与建筑是哪种关系，都需要注意建筑与环境的融合。同时温矿泉资源需经过组织，划分成不同规格、功用的泡汤池，以满足不同的功能需要。

在森林中建设的疗养院，由于森林中树木覆盖率较高，应该充分考虑建筑的采光。鉴于森林中独特的空气成分，如负氧离子、芬多精、植物杀菌素等，建筑应该有较大的开窗面积，或者提倡建设多样的开敞式园林建筑，使人们在自然中可以进行下棋、打牌、绘画、读书等多种活动。

依附海洋、湖泊、草原等景观建设的疗养院，应使建筑的开窗尽可能收揽美丽辽阔的自然风景，并保证良好的采光、通风。

此外，如果疗养院周边有历史古迹、寺庙名山等，应该注重加强文脉的延续性，在建筑设计的风格、空间组织形式上对原有历史建筑有所考虑。

7.4.4　康复景观规划设计

疗养院的康复景观应该遵循功能性原则、生态性原则、人文性原则、无障碍化原则、美学原则、简洁性原则、多样性原则及整体性原则[1]。由于疗养院所在的场所往往自然环境较好，景观内部规划设计时尤其应该注重生态的原则，不能对原有的生态环境形成破坏，尽量减少负面干扰。

1.功能分区

疗养院的疗养景观可能包括安静修养区、文体活动区、园艺疗法区、自然因子疗养区、后勤服务区等。

---

[1]　苑克敏.疗养院康复性环境景观设计研究 [D].成都：西南交通大学，2006：43-47.

（1）安静修养区

应该远离疗养院主出入口、主要车行路及停车场。整体环境应以幽静为主，是较为私密的空间，可通过一定的围合实现。该区适合进行静坐、阅读、下棋等较安静的活动，需要配备必要的座椅、桌子、垃圾桶及遮雨设施等，可以引导人们的视线与行为。

（2）文体活动区

在疗养院除室内的理疗外，一般需要开展多样的室外运动。运动疗法适合在环境优美、阳光充足、空气新鲜的自然环境中进行。太极拳、太极剑、八段锦、气功等活动为集体运动，需要一定面积的铺装场地；集体舞与露天电影是很受中国人欢迎的文娱方式，可以考虑在室外设置露天舞池及电影放映设施，配备必要的电源；游泳、球类需要专业的场地，游泳池除作为运动场地外，也是景观的一部分，应注重与周边环境的融合，球类要做好场地周边的防护，保证安全；跑步、骑车、爬山等活动需要规划设计合理的道路体系，其线路可超出疗养院的围墙范围，充分利用周边自然环境中的小径、道路，在疗养院与其对接的位置设置出入口，方便人们使用。

（3）园艺疗法区

疗养院具备开展园艺疗法的可能，可以在专业人员的指导下在独立的场地进行园艺活动，也可以结合苗圃、花圃、菜地、果园等，使疗养人员参与到与生产相关的活动中来，以改善人的机体功能，调节神经系统，促进康复。

（4）自然因子疗养区

自然因子疗养区有时与安静修养区及体育锻炼区有交叉，其特点是位于自然疗养因子所在的地方，可以突破疗养院的用地范围。如登山、温矿泉浴、在森林里行走、海水浴、沙浴等活动，经常发生在自然因子疗养区内。在规划设计时，应该注意疗养院的出入口、道路与外部道路的对接，完善自然因子疗养区内的道路体系，考虑道路周边的景观视野及适当的休息空间、观景平台等，适度规划设计道路周边的植物，在不扰乱生态环境的前提下，种植行道树、灌木、草坪地被等。

（5）后勤服务区

后勤服务区应该考虑一定的储藏空间及维护空间，与其他区域要有一定的隔离，可通过复层种植的植物、墙等的围合实现。适宜设置单独的出入口及道路。

在不同的分区当中，疗养院户外景观环境空间应该渗透在疗养院的总体环境当中。要保证有足够的室外绿化和公共设施设置。在满足疗养院总体功能的前提下，也可以进一步划分为各个小空间，通过边界处理和空间界面等变化创造出不同功能的空间，满足不同使用者的需求。

2. 景观环境

（1）疗养院的视环境与疗养景观

疗养院一般远离城市，环境质量较高，少灰尘，自然界各元素的可见度高，较为透亮，所以色彩的特性比城市中的康复景观显得更为突出。

疗养院追求能使人产生和谐、舒适、亲切、宁静情绪的色彩搭配，通过建筑、植物等元素可以实现疗养院建设用地范围内的色彩控制；通过建筑开窗、道路走向、座椅朝向、铺装广场的布局、植物的框景等，可以将自然界的色彩呈现在疗养员的面前，起到调节疗养员的情绪的作用。

自然环境形态多样，秩序有机，与城市中大量的几何线条有着显著的差别，能够使人感受到生命的多样、大自然的丰富。设计师应该充分挖掘自然中的形式之美，并通过有组织的手段加以强调，以展现在使用者面前。

疗养景观往往有着辽阔、雄伟、浩瀚、壮美、幽深、凝练、灵动的独特景观，在规划时，应该注重视线的组织，通过植物的限定、座椅的排布、建筑的朝向等，将这些景观收进使用者的眼中，使其有俯瞰全景的视野，这对疗养员心理的调节有着非常积极的作用（图7-3）。

图7-3 疗养景观

（2）疗养院的声环境与疗养景观

挖掘疗养院内及周边的自然之声，包括植物之声、动物之声、水声、自然现象之声等，留出声觉走廊，将这些声音引入疗养室、公共活动室、营养餐厅、主要的室外花园等疗养员高频使用的空间。同时，通过与园林要素的搭配，将声音作为一种景观加以强调，学习中国古典园林中诸如"万壑松风"、"烟寺晚钟"、"蕉窗听雨"、"屏山听瀑"[1]等手法，将自然之声加以呈现，赋予其文化内涵。

---

[1] 袁晓梅. 中国古典园林声景思想的形成及演进[J]. 中国园林，2009，25（163）：32-26.

同时做好人工声音的控制。采用低音扬声器，引入音乐疗法，播放有治愈作用的音乐。要避免噪声，选择产生噪声小的设备，并做好隔离噪声的处理。

7.4.5 康复景观案例研究

1. 美国剧团疗养院

剧团疗养院位于美国缅因州西部的乡村地区，借助周边的森林疗养景观与湖泊疗养景观而建设，属于专科疗养院，为每年夏天到此疗养的纽约先锋剧团服务。剧团疗养院由波士顿的 Landworks 工作室设计，获得了 2010 年 ASLA 综合设计的荣誉奖（图 7-4）。

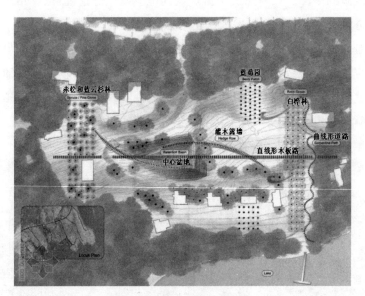

图 7-4　剧团疗养院平面图

剧团疗养院选址于茂密松林中的一块开阔地，向下倾斜至湖区，占地 40468 平方米。周边茂密的松林一方面可以分泌杀菌素，提供负氧离子，净化空气，使人们能够进行森林浴；另一方面起到很好的围合作用，使剧团疗养院处于疏林草地之中。这种景观正如沃尔里奇所说的，是人类由先天遗传因素影响而喜欢的类型。周围的湖泊疗养景观可以为人们提供美景及一些水上活动。

分区域来看，剧团疗养院包括白桦林、赤松和蓝云杉林、蓝莓园、中心盆地区等部分。白桦林将场地上部区域与湖边的小屋连接起来，修饰了相对粗糙的松林景观，增加了空间的层次（图 7-5）。另一端的赤松和蓝云杉林在颜色、材质、生长速度上有着鲜明的对比，为整体环境带来活力，也为位于其周边的小屋提供高度的私密性（图 7-6）。

图7-5　白桦林

图7-6　赤松和蓝云杉林

　　蓝莓园种植了蓝莓及其他当地植物。蓝莓是世界粮农组织推荐的五大健康水果之一，果实营养价值丰富，还具有保健作用，可以防止脑神经老化，软化血管，抗癌强心，增强人体免疫力。蓝莓园的建立使人们可以采摘果实，提供味觉享受，增加了疗养院景观的可参与性与趣味性。中心盆地区在原有地形上进行了一些改建，充当着泄洪池的作用；其中，丛生的灌木为很多迁徙的鸟类提供食物，还具备防风林的功用（图7-7）。

　　从道路体系来看，剧团疗养院首先解决了人流、车流的组织与连接，建立起行人与车辆的交通网。其次，用地内部的步行道路分为直线形、弧线形和曲线形。直线形道路是一条木板路，是主要的人行通道，最大限度地实现了这个方向上交通的便捷。它连接着两片小树林，横跨场地中心，在盆地位置形成一座抬高的桥梁（图7-8）。

图7-7　中心盆地模型

图7-8　直线形木板路

弧线形道路是中心盆地两侧上坡与下坡的通道；曲线形道路位于白桦林与原有松林之间。弧线形道路、曲线形道路与高架的直线形木板路不同，它们是嵌在地面上的，这有利于增加路面的粗糙程度及透气性，减缓水流速度并使其方向发生偏移，将水流引入新种植的草坪区域（图7-9）。

剧团疗养院内的主要建筑是12座独栋小房子，这些房子分散在用地的周边。在未改建之前，有6座毗邻原来的松林，另外6座位于相对开敞的区域，私密性较差（图7-10）。经过改造，基本上所有的建筑周边都用植物进行了一定的围合，大部分建筑都处于尺度亲切的小空间之中（图7-11）。

图7-9　曲线形散步道

图7-10　原有建筑

图7-11　改造后的建筑

该项目的设计手法成熟，空间层次分明，设计者对生态相继的理解与实施，使原来的荒林成为多功能的场地，其中树林和道路是建设的重点。2010年美国风景园林师协会（ASLA）专业奖评审委员会对剧团疗养院的评语是："它用一条简单的斜轴，带来了景观艺术简单的解决方案。它的诗意在于如何使这个地方变得特别。该主题的简洁性和雨水排水一体化简直就是美的体现。这些改善不会以任何方式改变营地非常微妙而又强大的特点。景观对于用户的重要性得以实现。[1]"它将生态与艺术很好地结合。剧团疗养院的设计在缓解土壤侵蚀与板结、水质下降、森林砍伐、栖息地萎缩等问题时，提出了创造性方案；在艺术方面，置入的雕塑藏品，无论是被地形还是植物所烘托，都产生了一个持续的动态过程，构筑起疗养院的流线和特征。

[1]　ASLA2010综合设计荣誉奖——剧团疗养院. 许婵，译. 2010-4-30. http://www.landscape.cn/Article/ShowInfo.asp?ID=47374.

该项目中，设计公司与客户通力合作，除对场地进行规划设计外，还参与了一些施工项目。建设过程中不允许使用大型机械，所有的施工都是手工完成的。并且设计公司在完成施工后的每年都要进行两次调研及维护活动，持续关注着该项目的发展。

2. 中国江西省庐山疗养院

江西省庐山疗养院由国家卫生部于 1953 年建立，现隶属江西省卫生厅，它以医疗保健为主体，兼具旅游休闲度假及商务会议的功能。庐山疗养院主要借助山地疗养景观而建立，周边有大面积的森林、丰富的人文景观，以及矿泉可利用。

江西省庐山疗养院选址于中国江西省北部名山庐山的东西两谷、庐山核心度假区，海拔 1100 米，占地面积达 72 公顷。庐山是中国的避暑胜地，年平均气温 12.6℃，7 ~ 9 月份月平均气温 22.6℃，年均相对湿度 78%，年均气压 885.4 毫帕，气候舒适宜人。疗养院周边森林覆盖率高，环境幽静，空气清新，负氧离子含量极为丰富，晴天平均含量为 1212 个 / 立方厘米，雨天平均含量为 1863 个 / 立方厘米。庐山的水富含二十多种微量元素，如锂、锶、锌、碘等，是天然矿泉。同时，疗养院周边的景色优美，峰岭错纵，林木葱茏，云雾变幻，有着独特的山地景观。另外，周边有多个人文景区，如蒋介石"美庐"别墅、毛泽东旧居和芦林湖、五老峰和三叠泉、锦绣谷和仙人洞等都在疗养院周边 1 公里的范围之内，适合人们徒步锻炼的同时，进行参观。庐山疗养院因其独特的气候环境及自然人文景观，对神经衰弱、风湿性关节炎、消化性溃疡、术后恢复期、功能性低热、肥胖症、烧伤后遗症、截瘫以及各种好发于炎热季节的皮肤病等多种慢性疾病均有较好的康复疗效 [1]。

江西省庐山疗养院对外开放的部分包括 1 个医疗门诊保健体检中心和 4 个疗区。体检中心有较健全的医疗体检设备，并开设门（急）诊、体检、中医保健、推拿按摩、气功、太极、食疗等保健服务项目。4 个疗区分别是疗养院一区颐元名人别墅度假村东谷，疗养院二区宾馆商务度假区，疗养院三区植圃山庄，疗养院四区勋元别墅村。这些疗区中拥有 19 世纪末 20 世纪初建造的多国别墅，其中有棋牌室、桑拿浴室等，为疗养员提供住宿及疗养康复服务；周边自然人文景观丰富，有芦林湖、芦林大桥、植物园、庐山会议旧址、美庐、周恩来纪念馆、庐山博物馆、"领袖旧居红色经典别墅群"等（图 7-12）。

江西省庐山疗养院大多利用历史上建成的别墅，最早由英国传教士李德立规划与开发。李德立始终注重建筑与自然环境的结合，并形成步行的游览体系，自然景观、历史名胜和宗教等均可纳入这一体系。这为疗养院的建设提供了良好的条件。疗养院对现有资源的利用成就了其独特魅力（图 7-13）。

[1] http://www.lslyy.com/11jianjie.asp

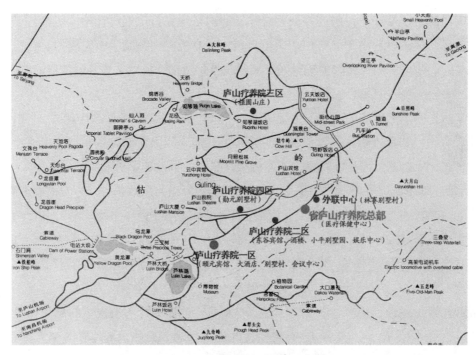

图 7-12　江西省庐山疗养院分区图

图 7-13　疗养院的别墅建筑

7.5 作为特殊疗养地的长寿村

康复景观最初依附于医疗机构，人们得病了才不得不进入医院、疗养院。但人们不希望得病，将其视为不好的、需要回避的状况，盼望着能够早日康复。但康复不是唯一目的，人们还希望一直保持健康并长寿。古往今来，从达官贵人到布衣平民，从目不识丁的人到各个领域的专家，都对长寿村有着浓厚的兴趣。历史上，秦始皇寻找蓬莱仙境，当今涌现长寿村的旅游热，就连医生、环境方面的专家和学者都对长寿村趋之若鹜。如果说疗养景观是康复景观中的"伊甸园"，那么长寿村则是疗养景观的理想模式。

长寿村是历史上的古村落，因长寿人多且历史长而闻名，往往具备优越的自然环境，同时有村落的格局，很多人慕名前去疗养。长寿村本身就是一所大型的"疗养院"，只不过在这所"疗养院"中可能没有专业的医护人员和相应的理疗设备，不属于任何类型的医疗机构。前来疗养的人们完全依靠村中得天独厚的自然环境、生活起居等调节疗养，以起到疾病康复、促进健康的目的。从这一意义上分析，长寿村是一种特殊类型的疗养地。

本书所研究的长寿村不是村名叫长寿村的村庄，而是联合国规定的，每百万人口中百岁老人达 75 人以上的地区，目前国际自然医学会认定的长寿之乡有五个，分别是巴基斯坦的罕萨、格鲁吉亚的外高加索、厄瓜多尔的比尔卡班巴、中国广西的巴马、中国新疆的和田 [1]。

7.5.1 长寿村的特点及对康复景观的启示

世界卫生组织认为四大因素影响着人的寿命，分别是占 15% 的遗传基因，占 8% 的医疗卫生水平，占 60% 的生活方式与生活习惯，以及占 17% 的社会环境与自然环境。五大长寿村在这几方面都有得天独厚的优势。康复景观对于前两个因素的作为很少，但可以对后两个因素形成影响，通过功能性的规划设计引导人们的生活方式与习惯，协助创造良好的社会、自然环境，从而改变人们的生活。

五大长寿村的居民一般都有着规律的生活起居，并且劳动一生，他们通过自己的耕种获取食物，主要进食豆类、薯类、玉米、水果，较少摄入肉类，并且普遍饭量偏少。这对康复景观有很好的启示作用。园艺疗法与这种模式有着相似性，澳大利亚社区的食物花园也可以看作它的翻版。事实上，现代城市居民在快速的社会节奏之中常常处于紧张状态，这种耕种与劳作，为人们提供返回农耕生活的体验，能够使人们的节奏

---

[1] Admin. 探访世界五大长寿之乡. 2006-9-7. http://www.shanghaigss.org.cn/news_view.asp?newsid=919.

慢下来，从不良的情绪中转移注意力，非常有利于健康。从这一角度出发，康复景观中开展耕作活动，使人们直接参与到景观的建设之中是非常必要的。而这种方式的实现，除了目前的园艺疗法及植物采摘外，与人们的日常生活越接近越好。如果社区公园能够把部分区域用于居民参与耕作的场所，将会有广阔的前景。而长寿村的饮食结构为这种可耕种的土地提供了植物材料的参考，水果、玉米、豆类、薯类都可以作为推广性的作物。

长寿村一般都具有得天独厚的自然环境，它们远离城市，没有噪声与空气污染，山水环抱，气候舒适，空气清新，负氧离子含量丰富，并且水质良好。这些环境条件在很多情况下是难以复制的，但在康复景观中可以最大限度地进行模仿，如远离应激源，或通过人工的技术手段、自然元素等减弱应激源对人的干扰与影响；创造良好的微缩山水景观与宜人的小气候环境；通过植物种植及水景观的选择与设置，提高空气中负氧离子的含量等。康复景观所创造的场所越接近长寿村的环境，其康复价值就越高。

另外，值得注意的是，随着某些长寿村所在地政府旅游意识的增强，导致游客数量增多，人口不断膨胀，对原本清净的环境形成了一定的干扰，有些村民也告别了原本淳朴的生活方式。因此，长寿村中的长寿老人比以前有所减少。这提醒我们，对于优良的自然环境，尤其是疗养景观，需要把握好利用度的问题，在自然为人类提供便利的同时，注意避免对其形成过多的干扰，做到可持续发展。

7.5.2 长寿村结合案例的研究——中国广西巴马

巴马是世界五大长寿村之一，而且是近年来唯一百岁老人有增无减的长寿村。在巴马每10万人中百岁老人可达30.8位，是国际"世界长寿之乡"标准的4.4倍。我国第五次人口普查的数据显示，巴马地区90岁以上的老人有531人，100岁以上的老人有74人，且老人们身体健康，少有病痛，甚至眼不花耳不聋，各项身体机能良好。巴马吸引全国各地慢性病患者、癌症患者前来疗养，也有很多老人选择到这里来养老，很多案例反映出在巴马长期居住疗养，对于糖尿病人、甚至晚期病人，都有很好的疗效。

巴马位于广西壮族自治区西北部，广西盆地和云贵高原的斜坡地带，属于亚热带季风气候。冬季平均气温20.5℃，年平均最高气温为25.9℃，最低气温为16.9℃，年平均相对湿度79%。温度和湿度都使人有舒适的体感。

巴马长寿村主要分布在盘阳河两岸，山水秀美，尤其是坡月村和巴盘屯两地，得到了超越桂林风光的社会认可，有着丰富的视觉景观（图7-14）。

由于巴马森林覆盖率高、海拔高及河流冲刷等原因，这里空气清新，负氧离子含量丰富，高达2000～5000个/立方米，最高可达两万多个，是天然的氧吧。这有助于消除呼吸道炎症、缓解哮喘症状，同时消除人体中的氧自由基，使体液维持弱碱性状态，降低疲劳素、血黏稠度，使人免受慢性疾病及癌症的侵袭。

图 7-14 巴马景观

图 7-15 巴马水疗

巴马的水是独特的矿泉水，含有大量有益人体的矿物质与微量元素，属于小分子碱性离子水，具备强还原性，能够清除致病与衰老的氧自由基。当地居民除了喝水及一般生活用水之外，还流行在河流中野浴。这种野浴既能使肌肤接触矿泉，也能利用水的流动起到按摩的作用（图 7-15）。巴马阳光的 80% 属于远红外光，被称为"生命之光"，能够激活细胞组织、增强新陈代谢、改善微循环、提高人体免疫力。巴马有着比其他地区更高的磁场，可以帮助改善血液循环，并且能把水和食物从大分子分解为小分子，对保持健康非常有利。巴马人的饮食中的玉米和白薯维生素含量丰富，火麻油富含脂肪酸，这都是对健康有益的。另外，这里的农产品由于泥土的特殊成分而富含锰和锌，锰对心血管有保护作用，是多种酶的激活素；锌有利于冠心病的恢复，与多种酶的活性有关，有利于维持机体的正常代谢与 DNA 的复制。

巴马的长寿老人喜欢劳动，九十多岁的老人还经常摘猪菜、下地做农活、做家务等。劳动不仅使他们的身体得到锻炼，也令他们心情开朗乐观。到巴马来疗养的人们，可以开展棋牌、麻将、游泳、登山、走村串寨与当地居民交流等活动。

巴马发挥了山地、森林、温矿泉等疗养景观的作用，可进行森林浴、矿泉浴、磁疗，喝的水、吃的食物都很健康。它是各种疗养景观与另类疗法的集大成者，是大自然塑造的供人使用的完美疗养地。

参考文献

[1] （丹麦）扬·盖尔. 交往与空间：国外城市设计丛书 [M]. 何人可，译. 北京：中国建筑工业出版社，2002.

[2] （美）理查德·格里格，菲利普·津巴多. 心理学与生活 [M]. 王垒，王甦，等译. 北京：人民邮电出版社，2006.

[3] （美）保罗·贝尔，等. 环境心理学 [M]. 朱建军，吴建平，等译. 北京：中国人民大学出版社，2009.

[4] （美）克莱尔·库珀·马库斯，卡罗琳·弗朗西斯. 人性场所 [M]. 俞孔坚，等译. 北京：中国建筑工业出版社，2001，10.

[5] 日本建筑学会. 新版简明无障碍建筑设计资料集成 [M]. 杨一帆，张航，陈洪真，译. 北京：中国建筑工业出版社，2006.

[6] 郭毓仁. 园艺与景观治疗理论及操作手册 [M]. 台湾：中国文化大学景观学研究所，2002.

[7] 李道增. 环境行为学概论 [M]. 北京：清华大学出版社，1999.

[8] 李加邦. 中医学 [M]. 北京：人民卫生出版社，2011.

[9] 李树华. 园艺疗法概论 [M]. 北京：中国林业出版社，2011.

[10] 李增友. 自然疗法 [M]. 重庆：重庆出版社. 2008.

[11] 梁永基，王莲清. 医院疗养院园林绿地设计 [M]. 北京：中国林业出版社，2002.

[12] 刘虹，张宗明，林辉. 医学哲学 [M]. 南京：东南大学出版社，2004.

[13] 孟宪武. 优逝 [M]. 杭州：浙江大学出版社，2005.

[14] 南登昆. 康复医学 [M]. 北京：人民卫生出版社，2008.

[15] 史宝欣. 生命的尊严与临终护理 [M]. 重庆：重庆出版社，2007.

[16] 宋珂. 芳香疗法基础 [M]. 上海：上海科学技术出版社. 2009.

[17] 王令中. 视觉艺术心理 [M]. 北京：人民美术出版社，2007.

[18] 夏征农. 辞海（增补本）[M]. 上海：上海辞书出版社，1995.

[19] 叶浩生. 西方心理学的历史与体系 [M]. 北京：人民教育出版社，1998.

[20] 章俊华. LANDSCAPE 思潮 [M]. 北京：中国建筑工业出版社，2009.

[21] 赵玲，陈海英. 临终关怀 [M]. 北京：中国社会出版社，2010.

[22] 赵美娟，苏元福. 审美医学基础 [M]. 北京：高等教育出版社，2004.

[23] 周厚高. 芳香植物景观 [M]. 贵阳：贵州科技出版社，2007.

[24] （澳大利亚）约翰·雷纳，史蒂芬·韦尔斯，林冬青，雷艳华. 澳大利亚的园艺疗法 [J]. 中国园林，2009，25（7）：7-12.

[25] （美）克莱尔·库珀·马科斯. 康复花园 [J]. 北京：中国园林，2009（7）（8）.

[26] （美）帕特里克·弗朗西斯·穆尼，陈进勇. 康复性景观的世界发展 [J]. 中国园林，2009，25（08）：24-27.

[27] David, Kamp, 刘宪涛. 约尔·施纳普纪念花园 [J]. 景观设计，2006（5）：24-29.

[28] Dirtworks，刘宪涛. 康复疗养空间：伊丽莎白和诺那·埃文斯疗养花园 [J]. 景观设计，2006（5）：17-23.

[29] Emporis，刘宪涛. 纽约阿瓦隆公园和保护区——抚911之伤 [J]. 景观设计，2006（5）：34-40.

[30] 步斌，侯乐荣，周学兰，等. 运动处方研究进展 [J]. 中国循证医学杂志，2010，10（12）：1359-1366.

[31] 都娟妮，乔宗林. 景观疗法在保健疗养中的作用 [J]. 中国疗养医学，2003，12（04）：243-243.

[32] 甘丽英，刘荟，李娜. 森林浴在健康疗养护理中的应用 [J]. 按摩与康复医学，2012，14（23）：20-21.

[33] 高风，贾学芳，杜春艳. 综合疗养因子对亚健康状态的干预作用 [J]. 中国疗养医学，2005，14（6）：410-411.

[34] 韩新英，于东明，张娟. 医院庭院环境规划设计 [J]. 青岛理工大学学报，2006，27（5）：61-66.

[35] 蒋莹. 西方医疗型园林的两个实例 [J]. 中国园林，2009，25（8）：16-18.

[36] 李艾芳，马静，孙颖. 医院建筑室外空间环境设计 [J]. 北京工业大学学报，2008，34（07）：732-737.

[37] 李悲雁，徐莉. 山地气候疗养法简介 [J]. 中国疗养医学，2011，20（3）：195-196.

[38] 李树华. 尽早建立具有中国特色的园艺疗法学科体系（上）[J]. 中国园林，2000，15（3）：15-17.

[39] 李树华. 尽早建立具有中国特色的园艺疗法学科体系（下）[J]. 中国园林，2000，16（4）：32-34.

[40] 李树华，张文秀. 园艺疗法科学研究进展 [J]. 中国园林，2009，25（8）：19-23.

[41] 刘虹. 论医学人文精神的历史走向 [J]. 医学哲学，2002，23（12）：20-22.

[42] 罗华，张冶. 景观设计中的养生文化——宁波明州医院景观设计简析 [J]. 景观设计，2006，（5）：30-33.

[43] 罗云湖. 跨世纪中国医院的发展趋势 [J]. 世界建筑，1997，（6）：18-21.

[44] 罗运湖. "杏林"深处的绿色医院构想 [J]. 建筑学报，1997，（12）：51-53.

[45] 吕富珣，张铭岐. 人性化医院环境的创造 [J]. 世界建筑，2002，（4）：22-24.

[46] 吕维柏. 中外医学发展史比较 [J]. 中华医史杂志 2000，30（1）：35-39.

[47] 蒙小英. 对话心灵与情感——托弗尔·德莱尼的花园叙事 [J]. 新建筑，2006，（2）：50-54.

[48] 秦华，孙春红. 城市公园声景特性解析 [J]. 中国园林，2009，25（7）：28-31.

[49] 秦佑国. 声景学的范畴 [J]. 建筑学报，2005，（1）：45-46.

[50] 任全进，于金平，任建灵. 江苏药用保健地被植物及其在园林绿地中的应用 [J]. 中国园林，2009，25（7）：24-27.

[51] 申荷永. 心理环境与环境心理分析—关于可持续发展的心理学思考 [J]. 学术研究，2005，6（11）：5-8.

[52] 苏谦，辛自强. 恢复性环境研究：理论、方法与进展 [J]. 心理科学进展，2010，18（1）：177-184.

[53] 苏晓静，王岩. 关于医疗花园与园艺医疗 [J]. 景观设计，2006，17（5）：54-59.

[54] 孙明，李萍，吕晋慧，张启翔. 芳香植物的功能及园林应用 [J]. 林业实用科技通讯，2007，（5）：46-47.

[55] 王晶华，赵鸣. 中国古典私家园林对医院户外景观设计的启示 [J]. 北京林业大学学报（社会科学版），2008，7（3）：43-46.

[56] 王向荣，林箐. 自然的含义 [J]. 中国园林，2007，23（01）：6-17.

[57] 魏钰，朱仁元. 为所有人服务的园林—芝加哥植物园的启示 [J]. 中国园林，2009，25（8）：12-15.

[58] 徐峰申，荷永. 环境保护心理学：环保行为与环境价值 [J]. 学术研究，2005，（12）：55-57.

[59] 杨丹伟，唐文，余晋. 色彩在医院景观设计中的应用 [J]. 艺术与设计：理论，2009，（02）：94-96.

[60] 杨欢，刘滨谊，帕特里克．A．米勒. 传统中医理论在康健花园设计中的应用 [J]. 中国园林，2009，25（7）：13-18.

[61] 杨慧，张志刚. 人性化医院空间环境–艺术化与庭院化的设计 [J]. 工业建筑，2004，34（3）：27-29.

[62] 姚春鹏. 中国传统哲学的气论自然观与中医理论体系——兼论中西医学差异的自然观基础 [J]. 太原师范学院学报（社会科学版），2006，5（4）：7-12.

[63] 张朝阳. 园林中围合空间的组织——以二炮某医院康复楼园林景观设计为例 [J]. 林业调查规划，2005，30（6）：88-90.

[64] 张福金. 大连海滨自然疗养因子在一些疾病疗养和康复中的应用 [J]. 中国疗养医学，2000，9（1）：6-8.

[65] 张荣健，许亚军. 景观疗养因子的医疗保健价值及其应用 [J]. 中国疗养医学，2001，10（1）：37-38.

[66] 张文英，巫盈盈，肖大威. 设计结合医疗—医疗花园和康复景观 [J]. 中国园林，2009，25（8）：7-11.

[67] 张运吉，朴永吉. 关于老年人青睐的绿地空间色彩配置的研究 [J]. 中国园林，2009，25（7）：78-81.

[68] 袁晓梅. 中国古典园林声景思想的形成及演进 [J]. 中国园林，2009，25（7）：32-38.

[69] 赵瑞祥. 景观与景观疗养因子 [J]. 中国疗养医学，2009，18（07）：577-578.

[70] 赵瑞祥. 疗养气象学在疗养医学中的应用与发展 [J]. 中国疗养医学，2000，9（2）：6-9.

[71] 赵瑞祥. 自然气候疗法在疗养医学中的应用 [J]. 中国疗养医学，2001，10（5）：5-7.

[72] 高国庆. 医院户外空间园林植物景观研究 [D]. 福建：福建农林大学，2008.

[73] 郭会丁. 园林景观色彩设计初探 [D]. 北京：北京林业大学，2005.

[74] 韩新英. 基于环境行为学的医院庭院环境设计 [D]. 泰安：山东农业大学，2007.

[75] 胡华. 夜态城市——基于夜晚行为活动的城市空间研究 [D]. 天津：天津大学，2008.

[76] 黄筱珍. 从康复花园到健康景观——基于健康理念的城市景观设计研究 [D]. 上海：同济大学，2008.

[77] 李国棋. 声景研究和声景设计 [D]. 北京：清华大学. 2004.

[78] 李海燕. 医院建筑公共空间使用者心理需求与设计策略研究 [D]. 北京：清华大学，2006.

[79] 李荣. 医院住院环境及其评价研究 [D]. 重庆：重庆大学. 2008.

[80] 李士青. 医院环境艺术化设计初探 [D]. 成都：西南交通大学. 2008.

[81] 刘珊珊. 医疗建筑的光、色、质环境初探 [D]. 西安：西安建筑科技大学. 2008.

[82] 刘秀娟. 数字化时代的医疗环境及其人性化策略研究 [D]. 北京：中国建筑设计研究. 2008.

[83] 刘阳. 营造健康医院环境 [D]. 合肥：合肥工业大学. 2004.

[84] 刘玉龙. 中国近现代医疗建筑的演进—— 一种人本主义的趋势 [D]. 北京：清华大学. 2006.

[85] 娄蒙莎. 空间行为心理 [D]. 西安：西安建筑科技大学. 2006.

[86] 齐岱蔚. 达到身心平衡——康复疗养空间景观设计初探 [D]. 北京：北京林业大学. 2007.

[87] 苏鹏. 中国传统养生之道在疗养空间景观设计中的应用 [D]. 江苏：江南大学，2008.

[88] 田淞淞. 医院建筑外部空间环境设计研究 [D]. 大连：大连理工大学. 2005.

[89] 王娜. 医院建筑候诊空间使用环境行为研究——以大连医科大学附属第二医院候诊空间为例 [D]. 大连：大连理工大学. 2009.

[90] 王晓巍. 综合性康复中心外环境设计研究 [D]. 哈尔滨：东北林业大学. 2006.

[91]　王艺林. 综合医院外部空间环境景观艺术研究 [D]. 西安：西安建筑科技大学. 2009.

[92]　王植芳. 现代医院康复性园林环境设计初探 [D]. 武汉：华中农业大学. 2007.

[93]　邢超. 综合医院外部环境整合设计研究 [D]. 西安：西安建筑科技大学. 2007.

[94]　徐从淮. 行为空间论 [D]. 天津：天津大学. 2005.

[95]　薛铁军. 医疗建筑空间与流线组织的人性化 [D]. 天津：天津大学. 2004.

[96]　杨程方. 现代综合医院建筑环境设计探索 [D]. 西安：西安建筑科技大学，2006.

[97]　姚成丽. 医院户外空间环境设计研究 [D]. 哈尔滨：东北林业大学，2006.

[98]　殷利华. 温矿泉疗养院园林绿地景观研究 [D]. 长沙：中南林学院. 2005.

[99]　苑克敏. 疗养院康复性环境景观设计研究 [D]. 成都：西南交通大学，2006.

[100]　张震. 综合医院门诊部医疗环境研究 [D]. 天津：天津大学. 2006.

[101]　朱小平. 医院室内环境"人性化"设计研究 [D]. 北京：北京工业大学，2003.

[102]　陈萍. 北京大型综合医院户外环境研究初探 [D]. 北京：北京林业大学，2007.

[103]　程壮. 我国综合性医院门诊部建筑设计研究 [D]. 北京：清华大学，2004.

[104]　崔轶. 人性化的医疗环境设计方法初探 [D]. 南京：东南大学，2004.

[105]　丁可. 综合医院户外环境的人性化设计研究 [D]. 南京：南京林业大学，2009.

[106]　Arian Mostaedi. Landscape design today [M]. London：CarlesBroto & Josep Maria Minguet Press，2004.

[107]　Canter D V，Canter S. Designing for therapeutic environments：a review of research[M]. J. Wiley，1979.

[108]　Clare Cooper Marcus，Marni Barnes. Healing Gardens：Therapeutic Benefits and Design Recommendations[M]. New York：John Wiley&Sons，INC，1999.

[109]　Gatchel R J，Baum A，Krantz D S. An Introduction to Health Psychology[M]. New York：McGraw-Hill，1989.

[110]　Gary W. Evans. Environmental Stress[M]. New York：John Wiley，1987.

[111]　Lund A. Guide to Danish landscape architecture，1000-2003[M]. Arkitektens Forlag，2003.

[112]　Kaplan R，Kaplan S. Humanscape：Environments for People [M]. Duxbury Press 1978.

[113]　Kellert S. R，Wilson E. O. The Biophilia Hypothesis [M]. WashingtonDC：Island Press 1993.

[114]　Lewis C. A. Green Nature Human Nature：The Meaning of Plants in our Lives[M]. Urbana：University of IllinoisPress，1996.

[115]　Caekowski，Jean Marieand Sally Augustin. The Researeh Conneetion[J]. Landscape Arehiteeture，2004，94（5）.

[116]　Carpman J R，Grant M A，Simmons D A. Design that cares：planning health facilities for patients and visitors[J]. 1994.

[117]　Cassel J. The contribution of the social environment to host resistance：the fourth wade Hampton frost lecture[J]. American journal of Epidemiology，1976，（2）.

[118]　Cekic，Milosav. Why I Designed Cancer Parks[J]. USA：Landscape Architecture，2003，93（5）.

[119]　Charles A. Lewis，Susan Sturgill. Comment：Healing in the Urban Environment A Person/Plant Viewpoint[J]. Journal of the American Planning Association，1980，45（3）：330-338.

[120]　Marcus C C，Barnes M. Gardens in Healthcare Facilities：Uses，Therapeutic Benefits，and Design

Recommendations[J]. 1995.

[121] English J, Wilson K, Kellerolaman S. Health, healing and recovery: therapeutic landscapes and the everyday lives of breast cancer survivors[J]. Social Science & Medicine, 2008, 67 (1): 68-78.

[122] Epstein, Mark. Jetting Serious About Therapeutic Practice[J]. Landscape Architecture, letter to the Editor. 2003, 93 (10).

[123] Esposito, Thomas J. A. Personal View of Healing Gardens[J]. Landscape Architecture, 2003, 93 (10).

[124] Ewan, Rebecca Fish. Preseription for Healing[J]. Landscape Architecture, 2003, 93 (2).

[125] Gerlach-Spriggs N, Kaufman R E, Warner S B. Restorative Gardens: The Healing Landscape[J]. 1998.

[126] Gesler W M. Therapeutic landscape: theory and a case study of Epidauros, Greece[J]. Environment and planning, 1993, 11.

[127] Hall V. The Greening of Horticultural Therapy[J]. Grid, 2000, 2 (5).

[128] Hartig T, Evan G W. Restorative Effeets of Natural Environment Experience[J]. Environmentand Behavior, 1991.

[129] Kaplan, Stephen. The Restorative Benefits of Nature: Toward an Integrated Framework[J]. Journal of Environmental Psychology. 1995 (15).

[130] Khachatourians A K. Therapeutic landscapes: A critical analysis [J]. Masters Abstracts International, 2006, 45 (4): 1781.

[131] Parsons R. L, Tassinary L. G. Ulrieh R, et al. The View from the good Implications for Stress Recover and Immunization [J] Journal of Environmental Psycheology, 1998, 18 (2).

[132] Scopelliti M, Giuliani M. V. Choosing restorative environments across the lifespan: A matter of Place experienee[J]. Journal of Environmental Psyehology. 2004, 24 (4).

[133] Seo M Y. Therapeutic and developmental design: the relationship between spatial enclosure and impaired elder-child social interaction[J]. 2009.

[134] Sperling B, Julie. The Influence of Poverty and Violence on the Therapeutic Landscapes of the Kaqchikel[J]. University of Waterloo, 2006.

[135] Ulrich R S. Human responses to vegetation and landscapes[J]. Landscape & Urban Planning, 1986, 13 (86): 29-44.

[136] Ulrich R S. View through a window may influence recovery from surgery[J]. Science, 1984, 224 (4647): 420-421.

[137] Charles King Sadler. Design Guidelines for Effective Hospice Gardens Using Japanese Garden Principles[D]. New York: the State University of New York, 2007.

[138] Roger S. Ulrich, Health Benefits of Gardens in Hospitals[C]. Paper for conferece, Plants for People International Exhibition Floriade 2002.

[139] Ulrich R S. Health Benefits of Gardens in Hospitals[C]. International Journal of Engineering Research and Technology. ESRSA Publications, 2002.

图片来源

图 1-1　　http://www.jj20.com/bz/zrfg/fghj/4865_5.html

图 1-2a　http://www.jj20.com/bz/zrfg/fghj/4865_3.html

图 1-2b　http://www.5442.com/fengjing/20150627/23319.html?fromapp

图 1-4　　http://www.aihui.gov.cn/html/index/content/2012/09/images/news_8213471794596990.jpg

图 1-5a　《Restorative Gardens》，p112

图 1-5b　《Restorative Gardens》，p116

图 1-6　　http://sh.eastday.com/images/thumbnailimg/month_1610/201610081344478304_580.jpg

图 1-7　　http://bbs.co188.com/thread-8765545-1-1.html

图 1-8　　http://pics.upla.cn/2007/12/17/jd3.jpg

图 3-1　　改绘自保罗·贝尔《环境心理学》

图 3-2　　摘自宋珂《芳香疗法基础》

图 4-1　　改绘自《建筑设计基本知识与技能训练 》

图 4-2a ~ 图 4-2b　http://bbs.iqilu.com/forum.php?mod=viewthread&tid=12324005

图 4-2d　http://desk.zol.com.cn/bizhi/6379_78521_2.html

图 4-3　　http://www.expo2011.cn/2011/0117/3754.html

图 4-4a ~ 图 4-4c　http://bbs.iqilu.com/thread-12320818-1-1.html

图 4-4d　http://blog.luohuedu.net/Images/Pictures/34677/366281/o_346772014111419242719.Jpg

图 4-5a　http://www.pp3.cn/html/ptc/cat/zhiwu/25143.html

图 4-5b　http://www.pp3.cn/html/ptc/cat/zhiwu/25894.html

图 4-6　　http://www.photophoto.cn/show/16100020.html

图 4-7　　http://www.win4000.com/wallpaper_big_101932.html

图 4-16　https://abc.2008php.com/tu_shouji.php?id=931278

图 6-1　　http://www.people.com.cn/GB/50142/50459/77511/6322955.html

图 6-3　　http://www.houstonhospice.org/fountain2.jpg

图 6-4　　https://blog.houstonhospice.org/wp-content/uploads/2018/07/IMG_0655.jpg

图 6-5　　http://www.houstonhospice.org/View%20from%20bench.png

图 6-6　　http://www.houstonhospice.org/Cockrell%20Chapelx.JPG

图 6-7　　http://www.houstonhospice.org/Garden%20benchesx.jpg

图 6-8　　http://ditu.google.cn/maps 及 google earth

图 6-9、图 6-10、图 6-13 ~ 图 6-15　Gerlach-Spriggs N，Kaufman R E，Warner S B.《Restorative gardens: The Healing Landscape》

图 6-11　http://www.houstonhospice.org/Houston%20Hospice%20Gardensx.png

图 6-12　http://www.houstonhospice.org/Garden%201.jpg

图 6-16　http://tspc.tw/tspc/upload/tbnews/20070123085143_file2.jpg

图 7-1　　http://dp.pconline.com.cn/dphoto/3404123.html

图 7-4 ~ 图 7-11　http://photo.zhulong.com/detail41946.htm

图 7-12 ~ 图 7-13　http://www.ziubao.com/hotel6315.html

图 7-14　http://gx.people.com.cn/NMediaFile/2018/0206/LOCAL201802061004000369184355803.jpg

图 7-15　http://n1.itc.cn/img8/wb/recom/2016/08/19/147155904828571773.JPEG

未注明者为作者自绘或自摄。